JIUZHAI VALLEY
national park

九寨沟管理局灾后恢复重建丛书

九寨沟国家级自然保护区

苔藓植物图鉴

孙庚　类延宝　陈珂　徐荣林　等◎著

四川科学技术出版社
·成都·

图书在版编目（CIP）数据

九寨沟国家级自然保护区苔藓植物图鉴 / 孙庚等
著 . -- 成都：四川科学技术出版社 , 2021.9
ISBN 978-7-5727-0253-2

Ⅰ.①九… Ⅱ.①孙… Ⅲ.①九寨沟—自然保护区—
苔藓植物—野生植物—图集 Ⅳ.① Q949.35-64

中国版本图书馆 CIP 数据核字（2021）第 188491 号

九寨沟国家级自然保护区苔藓植物图鉴
JIUZHAIGOU GUOJIA JI ZIRAN BAOHU QU TAIXIAN ZHIWU TUJIAN

著　者	孙庚　类延宝　陈珂　徐荣林　夏红霞　朱大林	
	Božena Mitić　Anđelka Plenković –Moraj　黄俊棚	
出 品 人	程佳月	
责任编辑	方　凯	
责任出版	欧晓春	
装帧设计	成都众芯源文化传播有限公司	
出版发行	四川科学技术出版社	
	成都市槐树街 2 号　邮政编码 610031	
	官方微博：http://e.weibo.com/sckjcbs	
	官方微信公众号：sckjcbs	
	传真：028-87734035	
成品尺寸	170mm × 240mm	
	印张 12.5　字数 250 千　插页 2	
印　　刷	四川川林印刷有限公司	
版　　次	2021 年 9 月第一版	
印　　次	2021 年 9 月第一次印刷	
定　　价	88.00 元	

ISBN 978-7-5727-0253-2

编辑说明

    1. 本书中苔藓植物科和属的物种信息主要参照贾渝、何思编著的《中国生物物种名录·第一卷 植物·苔藓植物》，并参考李腾等发表的《广西青藓科分类学修订》。种的排序按照中文名首字母顺序排列。

    2. 汉语名称主要根据吴鹏程等编写的《中国苔藓志》。

    3. 本书彩色照片由张箭宇拍摄，显微解剖照片由江涵、欧邦飞、李冰、夏红霞拍摄，照片和比例尺的处理、制作由王健完成。

出版说明

　　2017年8月8日21时19分,四川省阿坝藏族羌族自治州九寨沟县(以下简称"九寨沟县")发生7.0级地震,给九寨沟世界自然遗产地造成严重损失。灾情发生后,九寨沟管理局牢记习近平总书记"要高质量推进九寨沟地震灾区恢复重建和发展提升,努力建成推进民族地区绿色发展脱贫奔小康的典范,让灾区群众早日过上幸福安康的生活"的殷切嘱托,以"敬山水,敢为先,致大美"的"九寨沟精神"为动能,全面落实灾后恢复重建总体规划和五个专项方案各项任务,用实际行动诠释了"把灾后恢复重建的过程变为自然价值恢复提升的过程",为世界自然遗产震后修复恢复提供了鲜活案例。

　　在"8·8"九寨沟地震灾后四周年之际,九寨沟管理局推出《九寨凝眸》《归来:九寨沟恢复重建实录》《造化:九寨沟的神奇与美丽》《探秘:九寨沟的生物与文化》《九寨沟国家级自然保护区苔藓植物图鉴》等书,从散文、纪实、美学、科普等视角,再现了"九寨沟人"留住自然之美、创造人文之美的深刻实践。

　　祝愿全人类共有的精神家园——九寨沟,苟日新,日日新,又日新!

九寨沟国家级自然保护区管理局

2021年8月8日

前　　言

　　九寨沟国家级自然保护区位于四川西北部的九寨沟县境内，是中国第一个以保护自然风景为主要目的的自然保护区和全世界闻名遐迩的风景名胜区，是我国保护地体系的一颗璀璨明珠。九寨沟自然保护区成立于1978年，1994年经中华人民共和国国务院批准晋升为国家级自然保护区，先后被列入《世界自然遗产名录》、国际"人与生物圈"保护网络，并获得"绿色环球21"证书，成为我国唯一具有世界自然保护区领域三项最高级别桂冠的自然保护区。

　　2017年8月8日21时19分，九寨沟县发生7.0级地震。震中位于九寨沟国家级自然保护区所在的九寨沟县漳扎镇（103°52′24″E，33°17′28″N），震源深度20km，震中地震烈度达9度。这次发生在世界自然遗产地核心区内的罕见地震，引发了大量山体崩塌、滑坡、泥石流、飞石等次生灾害，致使九寨沟景区核心景点以及动植物栖息地受到不同程度影响。尤其是地震及其次生地质灾害在五花海及其上游、芦苇海、荷叶寨等核心景点周边产生了大面积直立峭壁、高陡边坡、无基质砾石堆，直接影响游客观感体验，严重影响九寨沟自然遗产的美学价值。而对于这些少基质，甚至无基质环境，采用传统的植树种草等基于基质的植被恢复、绿化措施几无可能，又或者因成本高昂、施工风险巨大，因此，九寨沟震后裸岩边坡植被覆绿成为恢复重建的难题之一。

　　苔藓是最低等的，也是分布最为广泛的植物，其独特的生理结构和脱水复苏能力使其能在诸多极端恶劣环境下生长、繁殖。苔藓常与其他隐花植物如蓝藻、绿藻、地衣以及微生物等，通过菌丝体、假根和分泌物与表层土壤颗粒"胶结"形成生物结皮，是生态系统中联结生物与非生物因素的"生态系统工程师"。苔藓作为"先锋植物"，能分泌酸性物质溶解岩面，具有成土功能，进而促进其他植物类群的种子萌发、定居和存活，并为许多土壤微生物和微小动物提供适宜的生境和食物来源；苔藓还有很高的吸水能力，能减缓直立峭壁、高陡边坡径流量和径流速度，从而发挥重要的水文调节和生态功能。

九寨沟自然保护区降水丰富，相对湿度较大，地表水汽凝结过程强烈，尤其是早晚均云雾缭绕，为苔藓在裸岩等逆境中的生存与繁殖创造了有利条件。为加快震后裸露山体覆绿，探索应用现代科学技术治理裸露山体新方案，打造震后植被恢复亮点工程，于2019年11月启动了"九寨沟地震灾后裸岩边坡苔藓人工覆绿实验研究项目"。项目牵头单位中国科学院成都生物研究所组织多学科交叉团队，开展应用苔藓进行裸岩边坡人工覆绿的原始创新技术研究。经过项目团队协同攻关，艰苦努力，将苔藓极高的美学价值、独特的文化内涵以及重要的生态功能，转化为生态恢复的附加值；成功攻克了适生藓种筛选、室内规模化繁育、直立裸岩固着等技术难关，并取得了一系列重要学术成果，《九寨沟国家级自然保护区苔藓植物图鉴》即是该项目的成果之一。

本图鉴收录了九寨沟国家级自然保护区内苔藓植物45科101属227种（含变种），附有植物形态和显微解剖彩色图片以及科、属、种的分类特征描述，同时对九寨沟藓类植物的区系地理、区域分布、利用价值等做了简要叙述。本图鉴通俗易懂，与《中国苔藓志》《中国高等植物图鉴》等专著相得益彰，既可供专业技术人员参考，也可作为科普读物供普通读者学习、赏鉴，满足不同层次人群认识苔藓、欣赏苔藓、保护苔藓和利用苔藓的多种需求。

本图鉴的出版得到九寨沟国家级自然保护区管理局刘春龙、旷培刚、杜杰等的大力支持，得到了中国科学院昆明植物研究所马文章博士和贵州师范大学彭涛博士的专业帮助。本图鉴的出版得到了国家科技部重点研发项目（2020YFE0203200）、第二次青藏高原综合科学考察研究项目（2019QZKK0302）、四川省科技厅、成都市科技局，以及九寨沟灾后恢复重建项目"九寨沟地震灾后裸岩边坡苔藓人工覆绿实验研究项目"的经费资助，在此一并致谢！

由于编写时间仓促，积累的资料有限；同时，本图鉴的编著人员多为年轻学者，学术水平有待提高。因此，书中难免存在不妥之处，敬请读者批评指正！

目　　录

第一章　九寨沟苔藓植物种类和区系地理分析

第二章　九寨沟苔藓植物系统分类

苔纲 Hepaticae

蛇苔科 Conocephalaceae

裂叶苔科 Lophoziaceae

珠藓科 Bartramiaceae

真藓科 Bryaceae

提灯藓科 Mniaceae

木灵藓科 Orthotrichaceae

皱蒴藓科 Aulacomniaceae

桧藓科 Rhizogoniacese

棉藓科 Plagiotheciaceae

国家 Ⅰ 级保护植物 3 种（包括银杏、红豆杉和独叶草）、Ⅱ 级保护植物 64 种、珍稀濒危植物 18 种。保护区原生种子植物分别占中国种子植物总数科的 38.28%，属的 17.41% 和种的 6.98%；分别占四川种子植物总数科的 67.54%，属的 36.64%、种的 22.26%。

作为国家级自然保护区、风景名胜区和世界自然遗产，保护区内的植被覆盖率为 85.5%，森林覆盖率为 63.5%，有着丰富、独特的植被类型。保护区的主要植被特点包括：

（1）保护区内具有高山峡谷、水源、土壤类型丰富的优越地理生态环境，山体垂直高度落差高达 2 768 m，其植被类型丰富多样，植被垂直带谱十分突出，从沟谷底部到流域内最高峰，相继发育了落叶阔木林、温性针阔混交林、温性针叶林和寒温性针叶林等森林类型，以及各类沼泽、灌丛、草甸和流石滩稀疏植被等一系列植被类型。

（2）保护区的海拔在 1 900 m 以上，山脊大多在 4 000 m 左右，植被显著特征属于高山、亚高山景观类型，以冷杉林、云杉林、落叶松林和高山灌丛、草甸为主。高山常见圆柏林或灌丛，较湿润处多杜鹃林或灌丛，次生先锋群落以桦木、山杨树为主，椴树、槭树种类较多。

（3）成带状分布于海拔 2 000~3 000 m 的九寨沟河谷柳灌丛是九寨沟代表植被类型，该类型植被主要分布在树正沟与日则沟的海子之间的钙华沉积滩坝上，多为钙质滩灌丛，且其中夹杂着少量桦木、杨树、栎树和云杉等。

（4）水生植物群落类型丰富。在九寨沟海拔 2 000~3 000 m 范围内，许多海子较浅处及其附近沼泽、半沼泽地带，分布有较多的沉水、浮水或挺水植物，主要植被类型包括芦苇群落、华北剪股颖群落以及香蒲群落、杉叶藻群落、灯芯草群落和问荆群落等。

二、研究方法

苔藓植物在自然生态系统中发挥着重要的生态功能，它们是完整生态系统中不可或缺的初级生产者，是温带针叶林和亚高山针叶林中的地表层优势成分[1]，构成单独的苔藓群落[2]；也可与藻类形成生物结皮[3]，对岩石风化、土壤有机质的积累有着重要的生态学意义[4]。苔藓植物物种的组成在不同区域、不同气候条件下有着明显的差别，是植物功能划分的重要依据[5]，其中典型的高山苔藓植物可能是高山生态系统气候变化的重要指示物。

九寨沟位于四川盆地和青藏高原的过渡地带，并处于我国北亚热带秦巴湿润区与青藏高原波密 – 川西湿润区的过渡地带。青藏高原的隆起使该区域呈现"西高东低"的地形格局，海拔梯度对温度的影响十分明显。由于九寨沟主要为喀斯特地形，存在大量岩石裸露，水分涵养能力较弱[6~7]，属于我国西部典型的山地生态脆弱区[8]。苔藓植物作为喀斯特地区的先锋者，其繁衍和生长可加速岩石溶蚀、风化和土壤形成。九寨沟森林覆盖面积大，且保存着完整的原生植被，苔藓植物作为地被物层的主要生物组成部分，其假根与表层土壤形成的复合层[9~10]，参与了森林水分之间的重新分配和不同运动过程，维持了森林重要的水文生态功能[11]，对森林生态系统中的养分富集和营养循环具有重要意义[12]。苔藓植物在九寨沟生态群落中占有重要地位，相关报道仅见于王晶等[13]对地表覆盖物苔藓与地表径流关系的研究，而朱珠等[14]和闫晓丽等[15]研究了旅游干扰对林下苔藓和树附生苔藓的影响，以及将苔藓作为环境监测物种的研究[16]，但缺乏系统的关于苔藓植物的本底数据。

（一）研究区域

本研究在保护区内展开，沟内高山峡谷切割分布，垂直海拔差异大，气温随着海拔增高而降低，表现出冷凉干燥的季风气候特征。天然植被类型垂直分布包括针叶林、阔叶林、灌丛等。地表腐殖质层厚，苔藓植物物种丰富，代表物种有塔藓 (*Hylocomium splendens*)、锦丝藓 (*Actinothuidium hookeri*) 等[17]。

（二）样品采集与处理

分别于 2019 年 9 月和 2020 年 6 月对保护区内的苔藓植物进行采集，根据实际情况，设计沟口—诺日朗瀑布段、诺日朗瀑布—长海段和诺日朗瀑布—原始森林段的采集路线，涉及以下 6 个采样点 (见图 1、表 1)：镜海、犀牛海、诺日朗瀑布、长海、五花海和原始森林。采集时尽量在各种生境全面采集，并即时记录采集地点、经纬度、海拔、采集编号和生境等。植物标本装入标本采集袋，自然晾干，并对重要标本进行拍照。

室内利用解剖镜观察标本整体特征，并制作叶横切、茎横切、孢蒴等临时装片，利用光学显微镜鉴定细胞形态和结构特征，参照苔藓鉴定工具书《中国苔藓志》并结合最新的苔藓分类论著进行鉴定[18~28]。

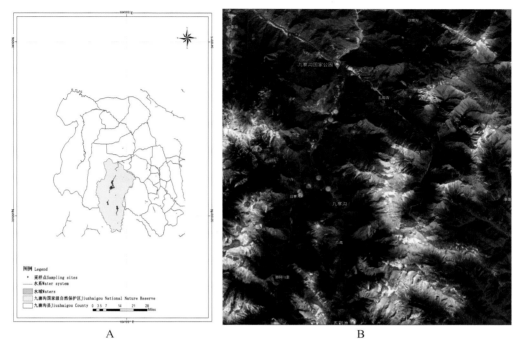

A　　　　　　　　　　　　　　　　B

图 1　九寨沟苔藓植物标本主要采集地点及路线图

（A：主要采集样点图；　B：主要采集样线图）

Fig.1　Main collection sites and lines of moss specimens in Jiuzhaigou

（A: Main collection sites; B: Main collection lines）

表 1　保护区苔藓植物标本采集信息

Table 1　Information on mosses specimens collection in reserve

地点 Site	海拔 /m Altitude / m	标本数量 / 份 Number of specimens
镜海 Mirror Lack	2 391	145
犀牛海 Rhino Lack	2 300	20
诺日朗瀑布 Nuorilang Waterfall	2 514	17
长海 Long Lack	3 089	133
五花海 Wuhua Lack	2 625	217
原始森林 Primeval Forest	3 011	17
总计 Total		549

（三）计算和统计方法

通过调查九寨沟藓类植物物种多样性和物种丰富度，以及采用物种丰富度指数、属和种相似系数[29]、区系地理成分分析、区系成分的主成分分析等多种方法对九寨沟藓类植物与西南地区其他 6 个自然保护区的藓类区系进行比较。

物种丰富度指数 (S_i) 的公式：

$$S_i = \sum_{k=1}^{m} \frac{\left(X_{ik} - \overline{X_{ik}}\right)}{\overline{X_{ik}}}, \quad \overline{X_{ik}} = \frac{1}{n} \sum_{i=1}^{n} X_{ik}$$

其中，m 是分类阶元层数，X_{ik} 是第 i 个区系中第 k 个分类阶层的数量，n 是区系数。

属和种的相似系数用两地藓类植物共有的属和种来比较它们的植物区系关系，公式为：

$$Ss = 2c/(a+b)$$

其中，Ss 为 A、B 两地藓类植物属的相似性系数，c 为 A、B 两地共有的藓类属数，a 为 A 地藓类总属数，b 为 B 地藓类总属数。

植物区系谱比率[30](Floristic Element Ratio，FER) 计算公式：

$$FER = (FE_i/T) \times 100\%, \quad T = \sum_{i=1}^{n} FE_i$$

其中，FE_i 为区系中第 i 个地理成分的分类种群 (种或属)，$i=1$，2，3，…，n；T 为区系中各地理成分的分类群总数。

采用主成分分析 (Principal Component Analysis，PCA) 方法对藓类植物区系信息进行降维处理[31]，反映九寨沟与其他自然保护区的藓类植物区系的相似性，PCA 排序在 R 软件 Vegan 包中进行。

优势科：将含 10 个及以上种的科定义为优势科[32]（表 2 ）。

三、九寨沟国家级自然保护区苔藓植物多样性及地理区系分析

（一）九寨沟苔藓植物的物种组成

通过对采集标本的鉴定和数据整理可得，保护区内有苔藓植物 45 科 101 属 227 种，其中苔类植物有 9 科 12 属 16 种 (含变种)，藓类植物有 36 科 89 属 211 种 (含变种、亚种)。

表 2　保护区藓类植物优势属统计

Table 2　Dominant bryophyte genera of reserve

编号 No	科 Family	属数 Genus number	属 Genus	占总属数比例 /% Percentage /%	种数 Species number	占总种数 /% Percentage /%
1	青藓科 Brachytheciaceae	9	青藓属 *Brachythecium* Bruch & Schimp. 燕尾藓属 *Bryhnia* Kaurin 毛尖藓属 *Cirriphyllum* Grout 美喙藓属 *Eurhynchium* Bruch & Schimp. 斜蒴藓属 *Camptothecium* Schimp. 鼠尾藓属 *Myuroclada* Besch. 褶叶藓属 *Palamocladium* Müll. Hal. 长喙藓属 *Rhynchostegium* Bruch & Schimp. 异叶藓属 *Kindbergia* Ochyra	10.1	25	11.8
2	丛藓科 Pottiaceae	9	扭口藓属 *Barbula* Hedw. 对齿藓属 *Didymodon* Hedw. 立膜藓属 *Hymenostylium* Brid. 湿地藓属 *Hyophila* Brid. 反纽藓属 *Timmiella* (De Not.) Limpr. 纽藓属 *Tortella* (Lindb.) Limpr. in Rab. 墙藓属 *Tortula* Hedw. 毛口藓属 *Trichostomum* Bruch 小石藓属 *Weissia* Hedw.	10.1	21	10.0

续表

编号 No	科 Family	属数 Genus number	属 Genus	占总属数比例 /% Percentage /%	种数 Species number	占总种数 /% Percentage /%
3	灰藓科 Hypnaceae	7	粗枝藓属 *Gollania* Broth. 拟灰藓属 *Hondaella* Dixon & Sakurai 灰藓属 *Hypnum* Hedw. 拟鳞叶藓属 *Pseudotaxiphyllum* Z. Iwats. 鳞叶藓属 *Taxiphyllum* M. Fleisch. 明叶藓属 *Vesicularia* (Müll. Hal.) Müll. Hal. 美灰藓属 *Eurohypnum* Ando	7.9	16	7.6
4	提灯藓科 Mniaceae	5	提灯藓属 *Mnium* Hedw. 匐灯藓属 *Plagiomnium* T. J. Kop. 丝瓜藓属 *Pohlia* Hedw. 毛灯藓属 *Rhizomium* (Mitt. ex Broth.) T. J. Kop. 疣灯藓属 *Trachycystis* Lindb.	5.6	21	10.0
5	真藓科 Bryaceae	3	银藓属 *Anomobryum* Schimp. 真藓属 *Bryum* Hedw. 大叶藓属 *Rhodobryum* (Schimp.) Hampe	3.4	17	8.1
6	羽藓科 Thuidiaceae	3	锦丝藓属 *Actinothuidium* (Besch.) Broth. 小羽藓属 *Haplocladium* (Müll. Hal.) Müll. Hal. 羽藓属 *Thuidium* Bruch & Schimp.	3.4	10	4.7
总计 Total		36		40.4	110	52.1

保护区的森林覆盖面积大，沟壑交错，气候潮湿，林中腐殖质层较厚，为苔藓植物生长提供了合适的小环境。

从以上统计可以看出，多个属和种集中在少数几个科中，符合内陆干旱植物区系特征。

第一大科是青藓科，包含 9 属 25 种。青藓科分布生境丰富，树干、岩石、腐殖质均有生长，九寨沟森林茂密，为青藓科植物生长提供基质。

丛藓科以旱生藓类为主，在本保护区内分布范围广泛，生境主要有树干、岩石和土壤。在裸露的岩石上，丛藓科是主要的苔藓植物种类，常在岩面与薄土形成生物结皮，覆盖岩面。

灰藓科在本区主要为东亚分布和北温带分布种类，生境有林下土壤表面、岩石表面和树生。

提灯藓科中有些种类是世界广布种，生境主要为树干基部、腐木、腐殖质。九寨沟沟深林密，林下潮湿，腐殖质层厚，倒伏腐烂树木多，因此，九寨沟内的提灯藓种类较多。

真藓科是世界广布的大科，适应性强，在岩面、土表和树干均有分布。其中，狭边大叶藓 (*Rhodobryum ontariense*) 主要分布在林下腐质，在九寨沟内的分布范围较广。

羽藓科在本区主要生长在树干基部和腐木桩上。因为景区内栈道较多，常常在森林深处的栈道旁的木桩上发现羽藓科的植物。

优势属多数为北温带和东亚分布的常见种类，常见有对齿藓属 (*Didymodon*)、扭口藓属 (*Barbula*)，林下到裸露岩面过渡的灰藓属（*Hypnum* Hedw.），主要分布在潮湿林下的提灯藓属 (*Mnium*)、白齿藓属 (*Leucodon*) 和青藓属 (*Brachythecium*)，还有分布广泛的真藓属 (*Bryum*)。

还有一些科、属的种类不多，但它们的个别种在保护区内分布范围较广，较为常见，代表植物有锦丝藓 (*Actinothuidium hookeri*)、羽藓科的大羽藓 (*Thuidium cymbifolium*)、真藓科的狭边大叶藓、平藓科的短齿残齿藓 (*Forsstroemia yezoana*)、万年藓科的东亚万年藓 (*Climacium japonicum*) 等。

（二）九寨沟藓类植物与西南地区 6 个自然保护区藓类物种的比较

九寨沟特殊的地理位置和地理环境塑造了苔藓植物独特类群，既有典型的高寒地带的藓类，如大皱蒴藓 (*Aulacomnium turgidum*)、美姿藓北方变种 (*Timmia megapolitana* var. *bavarica*) 等，也有在热带地区广泛分布的藓类，如齿叶麻羽藓 (*Claopodium prionophyllum*) 等。

对于该区藓类植物特点，根据吴鹏程研究员和陈邦杰教授对中国苔藓植物的地理区系研究，结合吴征镒院士的中国种子植物地理区系研究，该区处于横断山区、云贵区和青藏区的交界处，藓类植物的种类和区系应具有三区结合的特点。为了进一步说明该区的藓类植物地理区系成分的分布特点，特选取中国西南地区7个藓类植物研究区域进行比较，除本保护区外，另6个分别是四川境内的峨眉山国家级自然保护区 (103°10′~103°37′E，29°16′~29°43′N)、王朗国家级自然保护区 (103°55′~104°10′E，32°49′~33°02′N)、贡嘎山国家级自然保护区 (101°30′~102°15′E，29°20′~30°20′N)、云南金平分水岭国家级自然保护区 (102°31′~103°37′E，22°26′~22°57′N)、贵州赤水桫椤国家级自然保护区 (106°03′~109°45′E，28°23′~28°27′N)、重庆大巴山国家级自然保护区 (108°27′~109°16′E，31°12′~32°12′N)。

1. 物种丰富度排序

区系中的物种丰富度是衡量该区域中植物群落的环境条件、群落结构以及群落发育度的重要指标。在九寨沟藓类植物资源调查研究中，采用物种丰富度指数将西南地区的7个自然保护区进行比较，表3分别统计了7个自然保护区藓类植物的科、属、种的数目，并根据物种丰富度指数计算公式进行比较。

表3　7个自然保护区的藓类植物物种丰富度研究

Table 3　Comparisons of the species abundance of the 7 nature reserves

阶层	峨眉山	王朗	贡嘎山	金平分水岭	赤水	大巴山	九寨沟
科	46	33	40	45	26	36	36
属	161	111	144	160	69	110	89
种	349	227	359	310	175	308	211
物种丰富度指数	0.858 836	−0.355 21	0.592 912	0.434 195	−1.084 89	0.014 049	−0.459 9
排序	1	5	2	3	7	4	6
资料来源	裴林英(2006)	李洁(2013)	李祖凰(2012)	马文章(2020)	彭涛(2018)	刘艳(2017)	—

峨眉山的物种丰富度最高。峨眉山属于亚热带季风气候区，海拔近3 000m，气候垂直分布明显，形成了丰富的植物种类资源。九寨沟与王朗仅有一山之隔，藓类植物种数相近，但由于九寨沟在2017年8月8日的地震中受损严重，现在仍有少部分区域无法到达，因此只能基于九寨沟大部分区域内的苔藓植物种类进行比较；且九寨沟景区开发程度高，两条沟（树正沟、日则沟）内的人为活动痕迹多，对苔藓植物种类有一定影响。

2. 优势属比较

属的分布具有地区特点，通过将上述 7 个地区的苔藓植物前 7 位的优势属进行比较，有以下发现（表 4）：

表 4　7 个自然保护区的优势属比较

Table 4　Comparisons of the dominant generas of the 7 nature reserves

序号	阶层	峨眉山	王朗	贡嘎山	金平分水岭	赤水	大巴山	九寨沟
1	属	青藓属	匐灯藓属	青藓属	凤尾藓属	凤尾藓属	青藓属	真藓属
	（含种）	14	12	27	16	18	26	14
2	属	小金发藓属	毛灯藓属	曲尾藓属	青藓属	真藓属	真藓属	匐灯藓属
	（含种）	11	7	13	8	11	12	9
3	属	棉藓属	绢藓属	灰藓属	小金发藓属	羽藓属	绢藓属	青藓属
	（含种）	10	6	11	8	9	12	9
4	属	凤尾藓属	粗枝藓属	棉藓属	真藓属	灰藓属	曲柄藓属	灰藓属
	（含种）	8	6	11	8	8	7	8
5	属	扭口藓属	灰藓属	匐灯藓属	树平藓属	曲柄藓属	凤尾藓属	提灯藓属
	（含种）	8	6	11	7	8	6	7
6	属	匐灯藓属	平藓属	砂藓属	白发藓属	美喙藓属	对齿藓属	羽藓属
	（含种）	8	6	10	7	6	7	7
7	属	绢藓属	青藓属	对齿藓属	匐灯藓属	毛口藓属	粗枝藓属	美喙藓属
	（含种）	8	5	10	6	6	8	7

九寨沟与王朗、峨眉山、贡嘎山、大巴山的纬度相近，5 个区域内的藓类大部分是北温带成分，由于王朗受季风气候影响，出现干湿季节，且有大面积的亚高山落叶阔叶林群落，导致喜生长环境阴暗潮湿的匐灯藓属植物成为王朗自然保护区的第一优势属。九寨沟内分布喀斯特地形，裸露岩石面较多，丛藓属植物常分布在岩面，形成生物结皮。

3. 属、种相似系数对比

分别计算出九寨沟与其他 6 个自然保护区的属和种的相似系数来进行比较。

表5　九寨沟与其他6个自然保护区属和种相似系数比较

Table 5 Comparisons of the generic and species similarity coefficients between the Jiuzhaigou and other six nature reserves

相似系数	地区					
	峨眉山	王朗	贡嘎山	金平分水岭	赤水	大巴山
共有属	74	64	67	44	31	58
属相似系数	0.902 4	0.831 2	0.853 5	0.656 7	0.512 4	0.580 0
共有种	80	75	94	40	41	87
种相似系数	0.551 7	0.526 3	0.618 4	0.320 0	0.326 7	0.335 9

　　由表5可以看出，九寨沟与峨眉山、王朗、贡嘎山相似程度远高于金平分水岭、赤水和大巴山，其中种的相似程度与贡嘎山最高，初步推断，九寨沟苔藓植物种类更接近横断山区。

四、九寨沟苔藓植物区系地理成分分析

（一）九寨沟苔藓植物区系

　　参考吴征镒对中国种子植物的地理区系研究，九寨沟藓类植物可分为若干分布型（表6），在此基础上了解九寨沟藓类植物区系的分布型结构与其他地区的关系。

　　九寨沟藓类植物区系既有热带分布向北温带分布的过渡，也有中国–日本向中国–喜马拉雅分布的过渡。

表6　保护区藓类植物的地理区系分布类型

Table 6　The geographical elements of the bryophytic flora of reserve

地理区系分布类型 Element	种数 Species number	百分比 /% Percentage/%
世界广布成分 Cosmopolitans	13	6.16
泛热带分布 Pantropical elements	4	1.90
热带亚洲至热带美洲洲际间断分布 Tropical Asia to Tropical America elements	2	0.95
热带亚洲至热带澳大利亚分布 Tropical Asian and tropical Australian	5	2.37
热带亚洲分布 Tropical Asia elements	7	3.32
北温带成分 North temperate elements	65	30.81

续表

地理区系分布类型 Element	种数 Species number	百分比 /% Percentage/%
东亚 – 北美间断分布 East Asian and North American disiunctcd elements	10	4.74
欧亚温带分布或旧世界温带分布 Old world temperate elements	9	4.27
东亚广布 East Asian widespread	13	6.16
中国 – 喜马拉雅分布 Sino-Himalaya elements	15	7.11
中国 – 日本分布 Sino-Japanese elements	44	20.85
中国特有 Endemic to China	24	11.37
总计 Total	211	100

1. 世界广布 (Cosmopolitans)

世界各地广泛分布的种，在本区世界广布成分共有 13 种，代表种类有：真藓 *Bryum argenteum*、丛生真藓 *Bryum caespiticium*、细叶真藓 *Bryum capillare*、大帽藓 *Encalypta ciliata*、大羽藓 *Thuidium cymbifolium*、双色真藓 *Bryum dichotomum*、银藓 *Anomobryum julaceum*、平藓 *Neckera pennata*、垫丛紫萼藓 *Grimmia pulvinata*、羊角藓 *Herpetineuron toccoae*。由于这些种具广布性，因此该分布类型不能反映九寨沟与其他地区区系成分的关系。

2. 泛热带分布 (Pantropical elements)

泛热带分布是指以亚、澳，非、印和中南美为三大中心分布，九寨沟代表藓类植物有：柔叶真藓 *Bryum cellulare*、钝叶匐灯藓 *Plagiomnium rostratum*、刺叶桧藓 *Pyrrhobryum spiniforme*、全缘叉羽藓 *Leptopterigynandrum subintegrum*。

3. 热带亚洲至热带美洲洲际间断分布 (Tropical Asia to Tropical America elements)

热带亚洲至热带美洲洲际间断分布指分布在亚洲和美洲暖温带的种类。九寨沟代表藓类植物有：叉羽藓 *Leptopterigynandrum austro-alpinum*、偏叶矮齿藓 *Bucklandiella subsecunda*。

4. 热带亚洲至热带澳大利亚分布 (Tropical Asian and Tropical Australian)

热带亚洲至热带澳大利亚分布是指分布在热带亚洲和热带大洋洲的种类，九寨沟代表藓类植物有：腐木藓 *Heterophyllium affine*、拟灰羽藓 *Thuidium glaucinoides*、扭叶藓 *Trachypus bicolor*、小扭叶藓细叶变种 *Trachypus humilis* var. *tenerrimus*、硬叶小金发藓 *Pogonatum neesii*。

5. 热带亚洲分布 (Tropical Asia elements)

广义的热带亚洲分布指中国南岭以南至东南亚一带，包括了云南高原和藏东南部分地区，九寨沟代表藓类植物有：毛尖羽藓 *Thuidium plumulosum*、拟附干藓 *Schwetschkeopsis fabronia*、新丝藓 *Neodicladiella pendula*、暗色扭口藓 *Barbula sordida*。

6. 北温带广布 (North temperate elements)

北温带广布是指广泛分布于欧洲、亚洲和北美洲温带的种类，九寨沟代表藓类植物有：高山大帽藓 *Encalypta alpina*、反纽藓 *Timmiella anomala*、厚角绢藓 *Entodon concinnus*、棉藓 *Plagiothecium denticulatum*、卷叶凤尾藓 *Fissidens dubius*、牛角藓宽肋变种 *Cratoneuron filicinum* var. *atrovirens*、大对齿藓 *Didymodon giganteus*、桧叶金发藓 *Polytrichum juniperinum*、鼠尾藓 *Myuroclada maximowiczii*、多蒴匐灯藓 *Plagiomnium medium*、美姿藓北方变种 *Timmia megapolitana* var. *bavarica*、具喙匐灯藓 *Plagiomnium rhynchophorum*、暗绿多枝藓 *Haplohymenium triste*、大皱蒴藓 *Aulacomnium turgidum*、大曲背藓 *Oncophorus virens*、牛舌藓 *Anomodon viticulosus* 等。

7. 东亚–北美间断分布 (East Asian and North American elements)

指间断分布在东亚和北美洲温带的种类，九寨沟代表藓类植物有：匙叶毛尖藓 *Cirriphyllum cirrosum*、扭叶小金发藓 *Pogonatum contortum*、长尖对齿藓 *Didymodon ditrichoides*、白氏藓 *Brothera leana*、卵蒴丝瓜藓 *Pohlia proligera*、柔叶同叶藓 *Isopterygium tenerum*、瘤柄匐灯藓 *Plagiomnium venustum* 等。

8. 欧亚温带分布或旧世界温带分布 (Old word temperate elements)

欧亚温带分布或旧世界温带分布指分布在欧洲和亚洲温带地区的种类，九寨沟代表藓类植物有：白齿藓 *Leucodon sciuroides*、扁平棉藓 *Plagiothecium neckeroideum*、短尖美喙藓 *Eurhynchium angustirete*、高山真藓 *Bryum alpinum*、宽叶真藓 *Bryum funkii*、深绿褶叶藓 *Palamocladium enchloron*、羽藓 *Cyrtohypnum vestitissimum*、长肋青藓 *Brachythecium populeum*。

9. 东亚分布 (East Asian elements)

1）东亚广布 (Asian widespread)

广泛分布在东亚地区的种类，九寨沟代表藓类植物有：山地青毛藓 *Dicranodontium didictyon*、缺齿蓑藓 *Macromitrium gymnostomum*、日本粗枝藓 *Gollania japonica*、湿地藓 *Hyophila javanica*、钝叶绢藓 *Entodon obtusatus*、皱叶粗枝藓 *Gollania ruginosa*、中华白齿藓 *Leucodon sinensis*、粗枝蔓藓 *Meteorium subpolytrichum*。

2）中国–喜马拉雅分布 (Sino-Himalaya elements)

中国–喜马拉雅分布包括丛叶青毛藓 *Dicranodontium caespitosum*、曲叶小锦

藓 *Brotherella curvirostris*、陕西白齿藓 *Leucodon exaltatus*、锦丝藓 *Actinothuidium hookeri*、长叶绢藓 *Entodon longifolius*、小牛舌藓全缘亚种 *Anomodon minor*、垂蒴小锦藓 *Brotherella nictans*、花状湿地藓 *Hyophila nymaniana*、偏叶白齿藓 *Leucodon secundus*、齿边同叶藓 *Isopterygium serrulatum* 等。

3）中国 – 日本分布 (Sino-Japanese elements)

中国 – 日本分布包括朝鲜白齿藓 *Leucodon corensis*、齿边缩叶藓 *Ptychomitrium dentatum*、直叶棉藓 *Plagiothecium euryphyllum*、东亚灰藓 *Hypnum faurieri*、鞭枝多枝藓 *Haplohymenium flagelliforme*、东亚万年藓 *Climacium japonicum*、短肋羽藓 *Thuidium kanedae*、皱叶青藓 *Brachythecium kuroishicum*、美灰藓 *Eurohypnum leptothallum*、深绿绢藓 *Entodon luridus*、侧枝匐灯藓 *Plagiomnium maximoviczii*、东亚曲尾藓 *Dicranum nipponense*、糙叶美喙藓 *Eurhynchium squarrifolium*、拟小凤尾藓 *Fissidens tosaensis*。

10. 中国特有 (Endemic to China)

该类型仅分布于中国，包括扁叶扭口藓 *Barbula anceps*、狭叶美喙藓 *Eurhynchium coarctum*、尖叶对齿藓芒尖变种 *Didymodon constrictus* var. *flexicuspis*、曲枝青藓 *Brachythecium dicranoides*、小叶美喙藓 *Eurhynchium filiforme*、毛叶青毛藓 *Dicranodontium filifolium*、平齿平藓 *Neckera laevidens*、球蒴木灵藓 *Orthotrichum leiolecythis*、羽枝美喙藓 *Eurhynchium longirameum*、带叶牛舌藓 *Anomodon perlingulatus*、花斑烟杆藓 *Buxbaumia punctata*、大粗枝藓 *Gollania robusta*、溪边对齿藓 *Didymodon rivicola*、中华绢藓 *Entodon smaragdinus*、长叶白齿藓 *Leucodon subulatus*、脆枝青藓 *Brachythecium thraustum*、云南绢藓 *Entodon yunnanensis*、云南毛灰藓 *Homomallium yuennanense*。

（二）区系成分的主成分分析

通过对 7 个地区藓类植物区系谱进行 PCA 排序，将区系成分比率 (FER) 作为变量因子，进行主成分分析，探讨 7 个地区藓类植物区系的亲缘关系。

利用 R 软件，通过计算 7 个地区在前两个主成分轴上的得分，得到 7 个地区在二维排序图上的位置。7 个地区可分为 4 组 (图 2)。其中，赤水单独为一组；金平分水岭单独为一组；九寨沟、王朗、贡嘎山为一组；峨眉山和大巴山为一组。

研究结果显示，九寨沟与王朗、贡嘎山为一组，该分组与各个地区在中国苔藓植物区划中的地理位置基本相符。王朗和贡嘎山处于青藏区、横断山区交界处，藓类区系地理成分中北温带分布成分最高，随后是东亚成分，中国特有成分在三个地区占比均达 10% 以上。金平分水岭的热带成分占比高于温带成分，与九寨沟刚好相反，因此在排序图中，九寨沟与金平分水岭关系最为疏远，与实际情况基本相符。

综合来看，九寨沟、王朗和贡嘎山一组的苔藓区系相似度较高，其在排序图上的位置也比较靠近。相近纬度的峨眉山虽然也位于四川省内，但在排序图上与九寨沟相距较远。从区系地理成分分析，峨眉山属于亚热带季风气候，热带成分的占比高于九寨沟。赤水在中国苔藓植物区划中属云贵区，但纬度高于金平分水岭，属于中亚热带湿润季风气候，两地的藓类区系成分相差较大，因此排序图上的距离较远。其他地区与实际情况也较为符合。

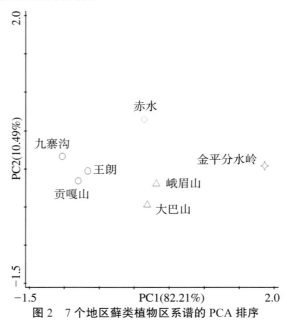

图2　7个地区藓类植物区系谱的PCA排序

五、九寨沟珍稀苔藓植物

物种多样性促进生态系统功能的实现，但是稀有和常见物种在影响生物多样性和功能性的方面具有不同的作用。参考《中国高等植物受威胁物种名录》可知，九寨沟苔藓植物中有一种极危(CR)、一种濒危(EN)、两种易危(VU)，见表7。

表 7 保护区受威胁苔藓植物

Table7 Endangered species of bryophytes in reserves

名称 Name	等级 Categories
花斑烟杆藓 *Buxbaumia punctata*	CR(极危)
密枝灰藓 *Hypnum densirameum*	EN(濒危)
带叶牛舌藓 *Anomodon perlingulatus*	VU(易危)
平齿平藓 *Neckera laevidens*	VU(易危)

花斑烟杆藓在名录中被列为极危。花斑烟杆藓的配子体极度退化，配子体形似烟杆。九寨沟的花斑烟杆藓生长在腐木上，与其他苔藓混生，其独特的生境可保留更多水分，有利于花斑烟杆藓的生长。

参考文献 [References]

[1] Santos NDd, Costa DPd, Kinoshita LS, et al. Windborne: Can liverworts be used as indicators of altitudinal gradient in the Brazilian Atlantic Forest? [J]. Ecol Indic. 2014, 36: 432–440.

[2] 胡舜士，金鉴明，金代钧 . 广西花坪林区常绿阔叶林内苔藓植物分布的初步观察 [J]. 广西植物，1981（3）：1–8. [Hu SS, Jin JM, Jin DJ. Preliminary observation on the distribution of bryophytes in evergreen broad-leaved forest in Huaping, Guangxi [J]. Guihaia, 1981 (3): 1–8.]

[3] Cheng C, Gao M, Zhang Y, Long M, et al. Effects of disturbance to moss biocrusts on soil nutrients, enzyme activities, and microbial communities in degraded karst landscapes in southwest China [J]. Soil Biol Biochem, 2021, 152: 108065.

[4] Maphangwa KW, Musil CF, Raitt L, et al. Differential interception and evaporation of fog, dew and water vapour and elemental accumulation by lichens explain their relative abundance in a coastal desert [J]. J of Arid Environ, 2012, 82: 71–80.

[5] 陆双飞，殷晓洁，韦晴雯，等 . 气候变化下西南地区植物功能型地理分布响应 [J]. 生态学报，2020，40（1）：310–324. [Lu SF, Yin XJ, Wei QW, et al. The geographical distribution response of plant functional types to climate change in southwestern China [J]. Act Ecol Sin, 2020, 40 (1): 310–324.]

[6] 王璐，喻阳华，邢容容，等 . 喀斯特高寒干旱区不同经济树种的碳氮磷钾生态化学计量特征 [J]. 生态学报，2018，38（15）：5393–5403. [Wang L, Yu YH, Xing RR, et al. Ecological stoichiometry characteristics of carbon, nitrogen, phosphorus, and potassium of different economic tree species in the karst frigid and arid area [J]. Acta Ecol Sin, 2018, 38 (15): 5393–5403.]

[7] Liu MX, Xu XL, Sun AY, et al. Is southwestern China experiencing more frequent precipitation extremes? [J]. Environ Research Letters, 2014, 9 (6): 479–489.

[8] 洪大明 . 九寨沟地区水文地质条件及成兰铁路对地下水环境影响研究 [D]. 成都：成都理工大学，2011. [Hong DM. Study on Hydrogeological Conditions of Jiuzhaigou Area and Influence of Cheng-Lan Railway on Groundwater Environment [D]. Chengdu: Chengdu University Technology, 2011.]

[9] Liu DD, She DL. Combined effects of moss crusts and pine needles on evaporation of carbonate-derived laterite from karst mountainous lands [J]. J Hydrol, 2020, 586: 124859.

[10] 杨益帆，胡宗达，李亚非，等 . 川西亚高山川滇高山栎灌丛地被物与土壤持水性能 [J]. 应用与环境生物学报，2020，26（4）：951–960. [Yang YF, Hu ZD, Li YF, et al. Water conservation capacity of ground cover and soils in the subalpine [J]. Chin J Appl Environ Biol, 2020, 26 (4): 951–960.]

[11] 叶吉，郝占庆，于德永，等 . 苔藓植物生态功能的研究进展 [J]. 应用生态学报，2004，15（10）：1939–1942. [Ye J, Hao AQ, Yu DY, et al. Research advances in bryophyte ecological function [J]. Chin J Appl Ecol, 2004, 15 (10): 1939–1942.]

[12] 汤国庆，吴福忠，杨万勤，等 . 高山森林林窗和生长基质对苔藓植物氮和磷含量的影响 [J]. 应用生态学报，2018，29（4）：1133–1139. [Tang GQ, Wu FZ, Yang WQ, et al. Effects of gap and growth substrate on nitrogen and phosphorus contents of bryophytes in an alpine forest [J]. Chin J Appl Ecol, 2018, 29 (4): 1133–1139.]

[13] 王晶，包维楷，丁德蓉 . 九寨沟林下地表径流及其与地表和土壤状况的关系 [J]. 水土保持学报，2005（3）：93–96. [Wang J, Bao WK, Ding DR. Surface runoff and connection with surface status and soil under three forests in Jiuzhaigou World Nature Heritage Reserve [J]. Journ S W Cons, 2005 (3): 93–96.]

[14] 朱珠，包维楷，庞学勇，等 . 旅游干扰对九寨沟冷杉林下植物种类组成及多样性的影响 [J]. 生物多样性，2006（4）：284–291. [Zhu Z, Bao WK, Pang XY, et al. Tourism effect on species composition and diversity of understory plants in Abies fargesii var.faxoniana forest in Jiuzhaigou, Sichuan [J]. Biodiv Sci, 2006(4): 284–291.]

[15] 闫晓丽，包维楷，朱珠 . 旅游干扰对九寨沟原始森林岷江冷杉树干附生苔藓植物组成和结构的影响 [J]. 应用与环境生物学报，2009，15（4）：469–473. [Yan XL, Bao WK, Zhu Z. Effect of tourism on epiphytic bryophyte community growing on Abies faxoniana trees in primary forests in Jiuzhaigou, China [J]. Chin J Appl Environ Biol, 2009, 15 (4): 469–473.]

[16] 饶瑶，包维楷，闫晓丽 . 苔藓植物监测机动车尾气中元素排放量研究——以九寨沟世界自然遗产地原始林景点为例 [J]. 应用与环境生物学报，2010，16(1)：23–27. [Rao Y, Bao WK, Yan XL. Monitoring of tail gas from vehicles using mosses in the Jiuzhaigou World Natural Heritage Site in Northern Sichuan, China [J]. Chin J Appl Environ Biol, 2010, 16 (1): 23–27.]

[17] 朱珠 . 旅游相关活动对九寨沟核心景区植物多样性与结构的影响 [D]. 成都：中国科学院研究生院（成都生物研究所），2006. [Zhu Z. Effects of tourism on species diversity and structure of plant communities in core scenic spots of Jiuzhaigou, China[D]. Chengdu: Chengdu Institute of Biology, Chinese Academy of Sciences, 2006.]

[18] 熊源新 . 贵州苔藓植物志（第一卷)[M]. 贵阳：贵州科技出版社，2014. [Xiong, YX. Bryophyte Flora of Guizhou China (Volume1) [M]. Guiyang: Guizhou Science and Technology Publishing House, 2014.]

[19] 高谦 . 中国苔藓志（第二卷）[M]. 北京：科学出版社，1996. [Gao Q. Flora Bryophytorum Sinicorum(Volume2) [M]. Beijing: Science Press, 1996.]

[20] 胡人亮，王幼芳 . 中国苔藓志（第七卷）[M]. 北京：科学出版社，2005. [Hu Rl, Wang YF. Flora Bryophytorum Sinicorum(Volume2) [M]. Beijing: Science Press, 2005.]

[21] 黎兴江 . 中国苔藓志（第四卷）[M]. 北京：科学出版社，2006. [Li XJ. Flora Bryophytorum Sinicorum (Volume4) [M]. Beijing: Science Press, 2006.]

[22] 李腾，唐启明，韦玉梅，赵建成，李敏 . 广西青藓科分类学修订 [J]. 广西植物，2020：1–23. [Li T, Tang QM, Wei YM, Zhao JC, Li M. A revision of Brachytheciaceae (Bryophyta) of Guangxi, China [J]. Guihaia, 2020: 1–23.]

[23] 刘永英，张含笑，买买提明·苏来曼 . 中国新记录种——摩拉维采真藓（新拟）[J]. 西北植物学报，2017, 37（12）：2502–2509. [Liu YY, Zhang HX, Maimaitiming SLM. Bryum moravicum Podp. (Bryaceae, Musci) Reported New to China [J]. Acta Bot Boreai-Occid Sin, 2017, 37 (12): 2502–2509.]

[24] 孙中文，熊源新，周书芹，等 . 贵州藓类植物新记录科——美姿藓科 [J]. 贵州农业科学，2013，41（9）：45–46. [Sun ZW, Xiong YX, Zhou SQ, et al. Timmiaceae-a new moss family record of Guizhou [J]. Guizhou Agric Sci, 2013, 41 (9): 45–46.]

[25] 吴鹏程，贾渝 . 中国苔藓志（第五卷）[M]. 北京：科学出版社，2011. [Wu PC, Jia Y. Flora Bryophytorum Sinicorum(Volume5) [M]. Beijing: Science Press, 2011.]

[26] 高谦 . 中国苔藓志（第一卷）[M]. 北京：科学出版社，1996. [Gao Q. Flora Bryophytorum Sinicorum(Volume1) [M]. Beijing: Science Press, 1996.]

[27] 黎兴江 . 中国苔藓志（第三卷）[M]. 北京，科学出版社，2000. [Li XJ. Flora Bryophytorum Sinicorum (Volume3) [M]. Beijing: Science Press, 2000.]

[28] 吴鹏程，贾渝 . 中国苔藓志（第八卷）[M]. 北京：科学出版社，2011. [Wu PC, Jia Y. Flora Bryophytorum Sinicorum (Volume8) [M]. Beijing: Science Press, 2011.]

[29] 左家哺 . 植物区系的数值分析 [J]. 植物分类与资源学报，1990(2)：179–185. [Zuo JB. A numerical analysis of flora [J]. Plant Divers, 1990(2): 179–185.]

[30] 马克平，高贤明，于顺利. 东灵山地区植物区系的基本特征与若干山区植物区系的关系 [J]. 植物研究，1995（4）：501–515. [Ma KP, Gao XM, Yu SL. On the characteristics of the flora of Dongling Mountain area and its relationship with a number of other mountainous floras in China [J]. Bull Bot Res, 1995 (4): 501–515.]

[31] 宋晓彤，邵小明，孙宇，等. 北京东灵山苔藓植物区系研究 [J]. 植物科学学报，2018，36（4）：554–561. [Song XT, Shao XM, Sun Y, et al. Research on the bryoflora of Dongling Mountain, Beijing, China [J]. Plant Sci J, 2018, 36 (4): 554–561.]

[32] 张元明，曹同，潘伯荣. 新疆博格达山地面生苔藓植物物种多样性研究 [J]. 应用生态学报，2003（6）：887–891. [Zhang YM, Cao T, Pan BR. Species diversity of floor bryophyte communities in Bogda Mountains, Xinjiang [J]. Chin J Appl Ecol, 2003 (6): 887–891.]

第二章　九寨沟苔藓植物系统分类

＊ 苔纲 Hepaticae

蛇苔科 Conocephalaceae

叶状体大，宽带状，二歧分叉，具明显六角形的气室分隔。

◎ **蛇苔属** *Conocephalum* F.H. wigg.

叶状体大，墨绿色，二歧分叉。背面具六角形或菱形的气室。雌托钝头圆锥形，有短柄；雄托椭圆盘状，无柄。

暗色蛇苔 *Conocephalum salebrosum* Szweyk.

叶状体贴地生长，近革质，表面有光泽，多回二歧分叉。背面具明显的六角形气室，每室中央有一个单一型气孔。

生境：土生、木台阶。

标本编号：20190922-21A、20190923-80A

暗色蛇苔

裂叶苔科 Lophoziaceae

植物体小，茎匍匐，叶互生，叶面内凹，先端常 2 裂，三角体不明显或小。腹叶缺失。

◎ **三瓣苔属** *Tritomaria* Schiffn. ex Loeske

植物体浅绿色。分支稀少，假根散生。侧叶横生，稍偏向一方，叶片内凹，先端长 2 浅裂。无腹叶。

三瓣苔 *Tritomaria exsecta* (Schmidel ex Schrad.) Schiffn. ex Loeske

植物体黄绿色，柔软，带叶宽2mm。叶在茎上疏生，稍背仰；叶片卵圆形，叶尖不等 3 裂。叶中部细胞方形至长卵形，宽 15μm，三角体不明显；基部细胞为宽大的六角形；角部细胞为矩形，透明。

生境：腐木。

标本编号：20190924-71A、20200620-3

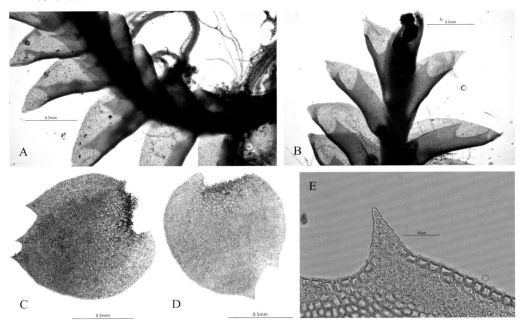

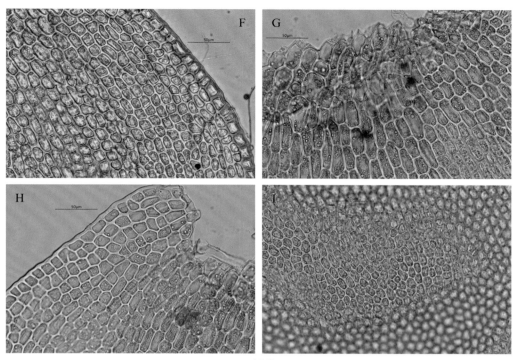

三瓣苔

A—B：植物体；C—D：叶；E：叶边齿；F：叶边缘细胞；G：叶基部细胞；H：叶角细胞；I：叶中部细胞

◎ **裂叶苔属** *Lophozia* (Dumort.) Dumort.

植物体密集丛生，茎匍匐，侧叶斜生，互生，叶面平展，先端常 2 裂。叶细胞较大，三角体不明显。

阔瓣裂叶苔 *Lophozia excisa* (Dicks.) Dumort.

植物体无腹叶，茎匍匐，叶密生，叶深 2 裂，裂瓣全缘，侧叶与茎的夹角小于 90°，三角体小。叶中部细胞长达 35μm。

生境：腐木。

标本编号：20200618-2

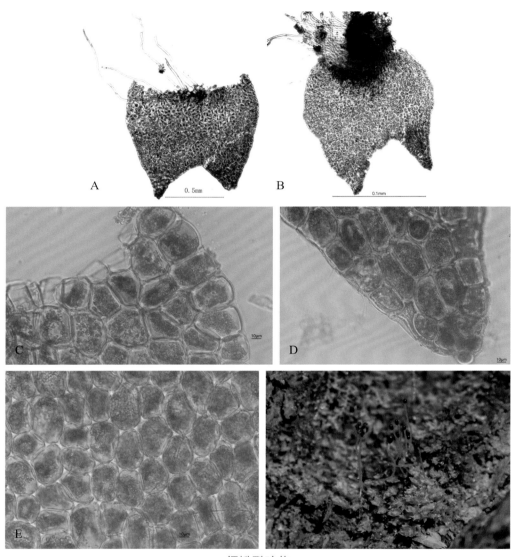

阔瓣裂叶苔

A—B：叶；C：叶基部细胞；D：叶上部细胞；E：叶中部细胞

折叶苔科 Scapaniaceae

植物体黄绿色，茎匍匐，分枝倾立。侧叶明显两列，蔽前式斜生于茎上，叶片浅 2 裂，折合状。叶细胞厚壁，无腹叶。

◎ **合叶苔属** *Scapania* (Dumort.) Dumort.

植物体主茎匍匐，先端倾立，侧叶深 2 裂，折合状，裂瓣不等大；侧叶横生茎上，基部下延，具三角体。

刺毛合叶苔 Scapania ciliatospinosa Horik.

植物体中等大小，黄褐色，密集丛生。侧叶疏生；背瓣卵形，边缘具纤毛状刺齿，齿由一个细胞组成，尖锐透明。叶先端细胞圆方形。

生境：腐木。

标本编号：20200620-2

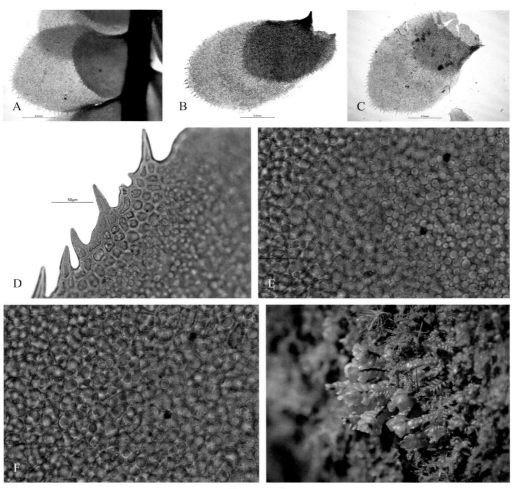

刺毛合叶苔

A：植物体；B—C：叶；D：叶边齿；E—F：油体

粗疣合叶苔 *Scapania verrucosa* Heeg.

植物体小型，侧叶覆瓦状排列，近于斜生，折合状；背脊为腹瓣长的1/2；裂瓣不等大，先端钝，边缘具稀疏单细胞细齿。叶片中上部细胞近圆形，细胞壁加厚，具三角体；基部细胞长方形，具粗疣。

生境：石生。

标本编号：20190924-145A

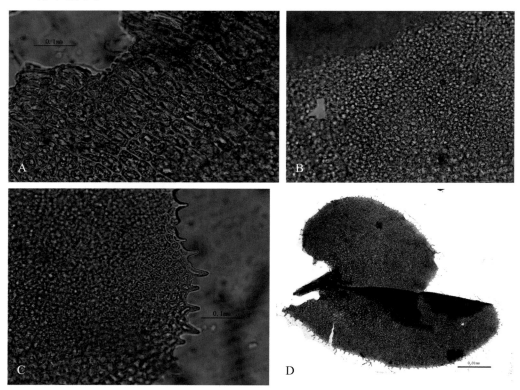

粗疣合叶苔

A：叶基部细胞；B：背瓣细胞；C：叶边齿；D：叶

指叶苔科 Lepidoziaceae

植物体匍匐，褐绿色，蓬松平铺生长，侧枝与茎夹角为90°；腹分枝为鞭枝状。茎叶与腹叶相似，茎叶先端具3~4裂瓣，裂瓣全缘平滑。腹叶较大，横生茎上，先端具裂瓣。

◎ 指叶苔属 *Lepidozia* (Dumort.) Dumort.

植物体中等大小，黄绿色，片状丛生。茎匍匐，侧枝不规则羽状分枝，带叶枝扁平；腹生枝细长鞭状，叶小。叶片和腹叶相似，叶片斜列着生，先端 3~4 裂，裂瓣三角形；腹叶横生。

东亚指叶苔 *Lepidozia fauriana* Steph.

植物体褐绿色，平铺生长。茎匍匐，叶片贴茎生长，叶片是茎宽的 1/2，长方形，细胞壁较厚，无三角体。

生境：腐木。

标本编号：20200620-15

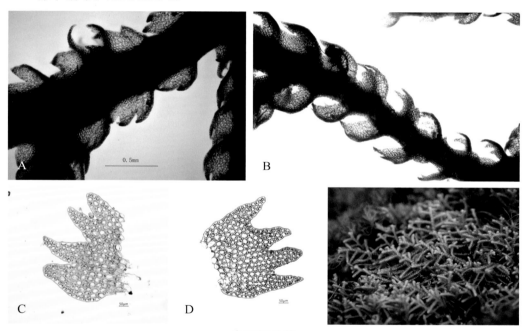

东亚指叶苔

A：茎；B：枝；C：茎叶；D：枝叶

◎ **鞭苔属** *Bazzania* S. Gray

植物体褐绿色，有时具光泽，平铺密集生长。茎匍匐，叶片覆瓦状紧密排列，先端具 2~3 齿。腹分枝细长，无叶，鞭状，常悬垂。

三齿鞭苔 *Bazzania tricrenata* (Whalenb.) Trevis.

植物体细长，片状丛生，茎匍匐，分枝短且少。侧叶覆瓦状，蔽前式密生，叶先端较狭，具 2~3 枚齿，细胞壁稍厚，三角体大。腹叶大，为茎的 2 倍，先端有 4 枚齿。

生境：腐木。

标本编号：20200618-16

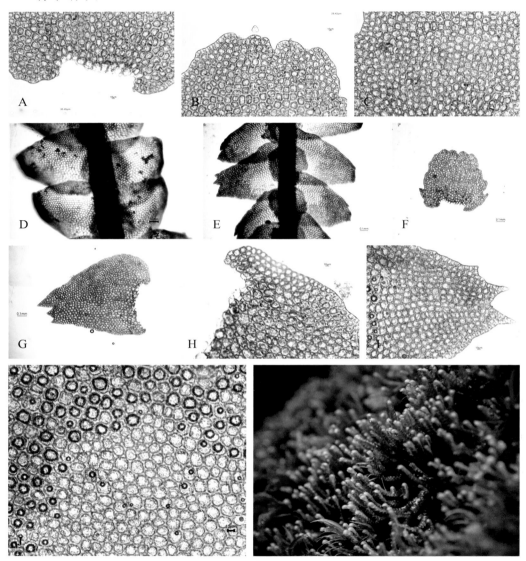

三齿鞭苔

A：腹叶基部细胞；B：腹叶顶部细胞；C：腹叶中部细胞；D—E：植物体；F：腹叶；G：侧叶；H：侧叶基部细胞；I：侧叶顶部细胞；J：侧叶中部细胞

羽苔科 Plagiochilaceae

植物体较大，多数疏松丛生。茎直立，叶片2列，蔽后式生长，叶边全缘或具齿，叶基部一侧常下延。无腹叶。

◎ **羽苔属** *Plagiochila* (Dumort.) Dumort.

植物体疏松丛生，假根生于茎基部，叶片互生，斜列，基角下延，叶边缘多数平滑。叶细胞六边形。

王氏羽苔 Plagiochila wangii Inoue

植物体细小，红褐色，假根多数，叶覆瓦状生长，边缘内卷，基部下延，全叶具多枚锐齿。细胞壁薄，三角体明显。

生境：树生。

标本编号：20200620-21

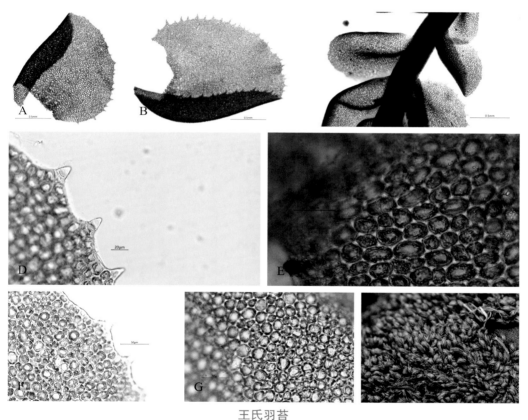

王氏羽苔

　　A—B：叶；C：植物体；D：叶边齿；E：叶基部细胞；F：叶近边缘细胞；G：叶中部细胞

圆叶羽苔 *Plagiochila duthiana* Steph.

植物体小型，叶片连接生长，斜生，长宽相等，叶基一侧下延，全叶具 7~9 个由 1~2 个细胞组成的细齿。叶细胞壁薄，三角体大。

生境：土生。

标本编号：20190923-222A

光萼苔科 Porellaceae

植株较大，茎匍匐。假根密集成束，着生于腹叶基部。叶片背瓣大于腹瓣，多卵形；叶细胞圆方形，平滑；腹瓣为狭舌形；腹叶为椭圆形。

◎ 光萼苔属 *Porella* L.

茎匍匐，硬挺，不规则分枝。叶片卵圆形，先端圆钝；腹瓣多为舌形。

细光萼苔 *Porella gracillima* Mitt.

植株较细小，叶片较小，腹瓣舌形，基部有明显不规则的齿；腹叶基部两侧有明显不规则齿。

生境：腐木。

标本编号：20200615-10

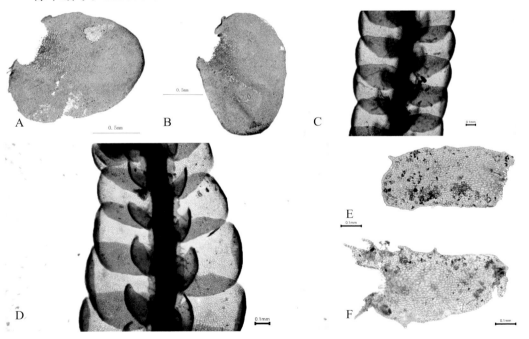

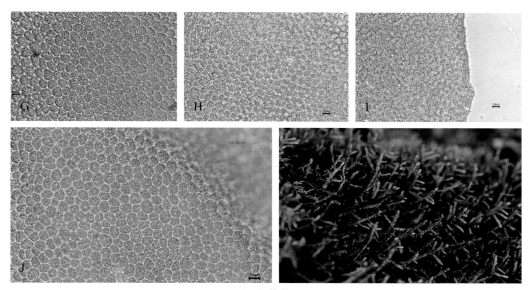

细光萼苔

A—B：侧叶；C—D：植物体；E—F：腹叶；G：侧叶上部细胞；H：侧叶中部细胞；I：侧叶中部边缘细胞；J：侧叶中部细胞

耳叶苔科 Frullaniaceae

植物体褐绿色，紧贴基质生长。茎叶覆瓦状排列，背瓣近于圆形，尖部圆钝；叶边全缘。叶细胞薄壁，圆形或六角形。

◎ **耳叶苔属** *Frullania* Raddi

叶边全缘；叶细胞壁多具三角体，胞壁中部球状加厚。

暗绿耳叶苔 *Frullania fuscovirens* Steph

生境：树基。

标本编号：20190923-124

欧耳叶苔长叶变种 *Frullania tamarisci* var. *elongatistipula* (Verd.) S. Hatt.

标本编号：20200617-23

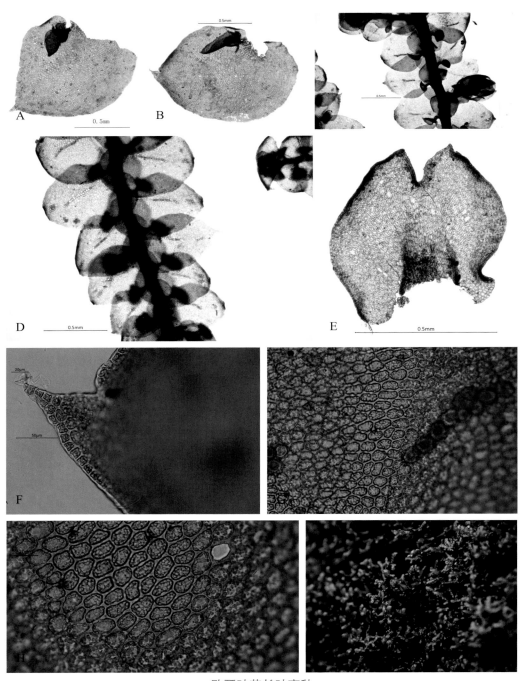

欧耳叶苔长叶变种

A—B：叶；C—D：植物体；E：腹叶；F：叶尖部；G：叶上部细胞；H：叶中部细胞

细鳞苔科 Lejeuneaceae

体型极小，极纤细，成小片交织紧贴基质生长。叶圆形；腹瓣卵形，膨起。叶细胞六角形，薄壁。

◎ **疣鳞苔属** *Cololejeunea* (Spruce) Schiffn.

植物体纤弱，灰绿色，紧贴基质生长。叶卵圆形；叶边全缘。腹瓣卵形。叶细胞六角形，具疣，薄壁。无腹叶。

粗柱疣鳞苔 *Cololejeunea ornata* A. Evans

生境：腐质。

标本编号：20190923-91A

叉苔科 Metzgeriaceae

植物体带状，匍匐伸展，交织成片，鲜绿色；具叉状分枝；植物体只有一层细胞，中肋由多层细胞组成；叶缘和中肋往往具单细胞的刺毛。

◎ **叉苔属** *Metzgeria* Raddi

属的特征与科相同。

背胞叉苔 *Metzgeria crassipilis* (Lindb.) A. Evans

生境：树基。

标本编号：20190922-221、20190922-180A

平叉苔 *Metzgeria conjugata* Lindb.

叶状体带状，叉状分枝，微透明；中肋突出，沿中肋腹面密被刺毛；两侧边缘向腹面内卷，成对刺毛。

生境：树基。

标本编号：20200618-18B、20200615-4

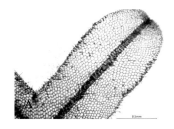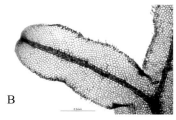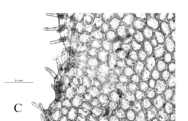

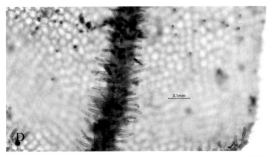

平叉苔

A—B：植物体；C：边缘刺毛；D：中肋

◎ **毛叉苔属** *Apometzgeria* Kuwah.

植物体背腹面均具刺毛。

毛叉苔 *Apometzgeria pubescens* (Schrank.) Kuwah.

叶状体淡绿色，不规则叉状分枝。背腹面均密被刺状毛。中肋横切椭圆形，表皮细胞背腹面与中肋中央细胞同形等大。

生境：树干、腐质、土生。

标本编号：20190922-240、20190924-165A、20190923-216A、20200620-6

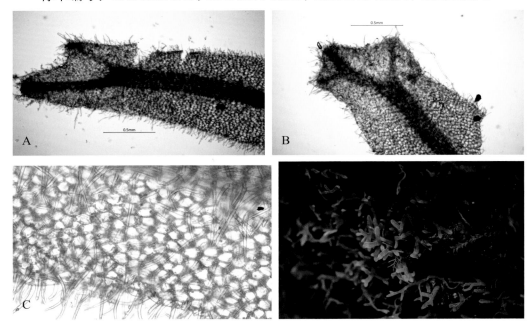

毛叉苔

A—B：植物体；C：刺毛

＊ 藓纲 Bryopsida

金发藓科 Polytrichaceae

植物似松杉幼苗，茎上部密被叶片，下部一般无叶或具鳞片状叶，基部丛生棕红色或无色假根，常具地下横茎。通常茎外层为厚壁细胞，内部有薄壁细胞及中轴，具较强的对干燥环境的适应性。叶片螺旋排列，多为长披针形或长舌形，常具宽大的鞘部；叶边全缘或具齿，由单层或多层细胞构成；一般中肋较宽阔，及顶、突出叶尖或成芒状；叶腹面一般具多数明显的纵行栉片及两侧无栉片的翼部，不同种的栉片顶细胞形态各异，部分种类背面亦有栉片或棘刺。叶细胞卵圆形、近方形或不规则，平滑或表面具疣，薄壁或厚壁，细胞内常含有较多叶绿体；鞘部细胞一般成不规则扁方形和长方形，多数透明，有时略成棕黄色，部分属种具分化的边缘。

◎ 小金发藓属 *Pogonatum* P.Beauv.

植物体粗壮、硬挺，稀较矮小而柔弱，密集成大片群落。茎直立，极少分枝；横切面圆形、圆三角形或多角形，具金发藓类中轴；上部具螺旋状排列的叶，下部叶多脱落而密被红棕色假根。叶干燥时卷曲或贴茎，潮湿时倾立，不具波纹，通常基部宽阔，成鞘状抱茎，上部多成阔披针形或狭披针形，叶边具粗齿或细齿，不分化；中肋在叶片鞘部狭窄，具发育良好的副细胞，贯顶或突出叶尖。叶上部细胞近于同形，多角形或方形，厚壁，通常除边缘外均为 2 层细胞，腹面密被纵列的栉片，顶细胞多分化，长卵形或扁圆形，稀圆形，外壁平滑或被疣，稀栉片少或缺失，叶鞘部细胞单层，透明，长方形或近于成狭长方形。

扭叶小金发藓 *Pogonatum contortum* (Brid.) Lesq.

植物体型大，暗绿色，老时成褐绿色，多成片丛集生长。茎长可达 5~10 cm，一般不分枝，下部叶渐小而脱落。叶片潮湿时倾立，干燥时强烈卷曲，基部卵圆形，向上延伸成阔带状披针形，鞘部上方无明显界线，叶边两层或单层细胞，宽可达 3 个细胞，稀具疏粗齿，齿淡褐色，由多数细胞组成；中肋宽阔，背面上部具小齿；栉片约 40 列，沿叶边处缺失，高 2~4 个细胞，顶细胞略分化，形稍大，圆形，长 15~20 μm，薄壁，下部栉片细胞短方形或近于成长方形。

生境：腐质。

标本编号：20190924-84、20200620-17

硬叶小金发藓 *Pogonatum neesii* (Müll. Hal.) Dozy

植物体型较小，暗绿色，疏松丛集。茎高 1~4 cm，下部叶片多脱落。叶长1~3 cm，基部卵圆形，上部阔披针形，具不规则细齿或粗齿，尖部略成兜形；中肋粗壮，长达叶尖，背面具由多达 5~8 个细胞组成的粗齿；栉片密被叶上部腹面，高

3~4 个细胞，顶细胞分化为椭圆形。茎下部叶宽短而成阔卵形。

生境：腐木、腐质。

标本编号：20200620-19、20200620-20

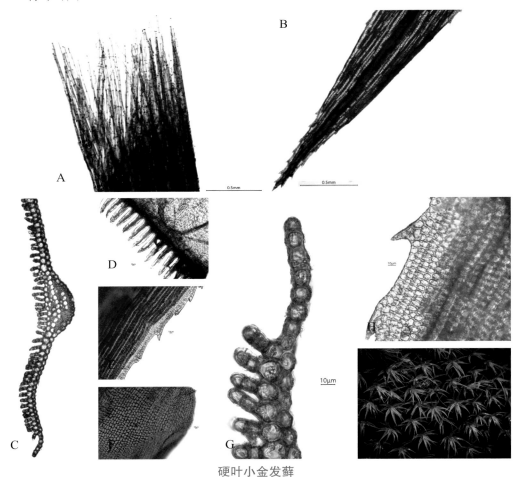

硬叶小金发藓

A：蒴帽；B：叶上部；C：叶横切；D：齿片；E：叶边齿；F：叶基部细胞；G：叶横切；H：叶上部细胞

◎ **金发藓属** *Polytrichum* Hedw.

多数种类中等大小至大型，有时高可达 40 cm 以上，硬挺，密集丛生或散生、绿色、暗绿色或棕红色，潮湿时似松杉幼苗。茎单一，稀具分枝，基部常密生假根。叶片干燥时多平直、倾立或抱茎，稀略扭曲，密集簇生茎的上部，下部叶片多脱落。叶片上部披针形，常向内卷，多具齿或全缘，基部为明显鞘状，边缘有时透明。叶上部细胞卵圆形或近于方形，有时双层，常厚壁，鞘部细胞长方形或狭长方形，单层；中肋粗壮，宽阔，部分种类的中肋突出叶尖成芒状，背面上部有时具大的棘刺。叶片腹面密被纵列栉片。

桧叶金发藓 *Polytrichum juniperinum* Hedw.

植物体形较大，暗绿色至红棕色。茎单一或具分枝，通常高 2~10cm，干燥时叶紧贴生长或略伸展，连叶宽 4~8 mm，潮湿时叶倾立。叶片成长卵状披针形，长 4~7 mm，中部宽 0.35~0.6 mm，上部披针形，基部鞘状，宽 0.7~1.3 mm；叶边全缘，上部边缘通常强烈内卷，遮盖腹面栉片；中肋宽，突出叶尖成赤色芒尖，芒尖上具多数刺。叶腹面栉片 20~38 列，高 4~7 个细胞，侧面观先端常具圆齿，顶细胞梨形，先端厚或薄壁，稍长于下部细胞。叶边细胞略宽，中部细胞常为扁形，厚壁；鞘部细胞狭长方形。雌雄异株。孢蒴四棱柱形，具台部。蒴齿 64 片，长 200~250 μm。具薄的盖膜。环带分布。蒴盖具长喙，易脱落。蒴帽大，长约 10 mm，兜形，密被金黄色纤毛。蒴柄细长 1.3~7 cm。孢子球形，直径 8~12 μm，表面具细疣。

生境：腐质。

标本编号：20190924-170、20190924-149A、20190923-4、20200618-15、20200618-20、20200618-13、20200618-14

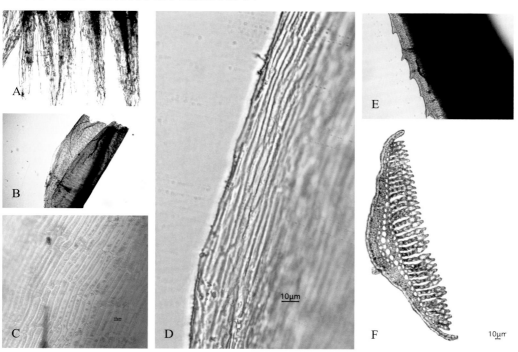

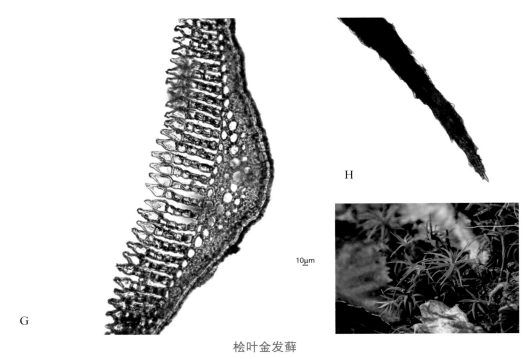

H

10μm

G

桧叶金发藓

A：蒴帽纤毛；B：叶鞘部；C：叶鞘细胞；D：叶鞘边缘细胞；E：叶边缘细胞；F—G：叶横切；H：叶尖部

烟杆藓科 Buxbaumiaceae

　　烟杆藓科植物的原丝体特别发达，绿色，具分枝，往往交织成片，常存。配子体极度退化，孢子体发达并高度分化，于林下腐木、林地或火烧迹地上着生的一年生小型藓类，单个散生。蒴柄粗壮，硬挺，一般棕色，具密疣，长不及 15mm，孢蒴棒槌形，埋于茎内，一般基部膨大。密生无色假根。孢蒴棕红色至灰黄色，扁卵形或长卵状锥形，多数不对称，上部常稍倾立，有的种类具明显背腹分化，背面有时近平截，近于横生或斜生，常似烟斗状，蒴口略窄，具短台部，气孔显型。孢蒴内的孢子组织及蒴轴周围均具气室，并具多数横列片状的绿色组织。环带分化。蒴齿两层；外齿层短，由 1~4 层有横隔的齿片组成；内齿层多白色，膜质，纵长褶叠，成圆锥形，口部收缩，一般为 16 条褶，外面具横条纹及密疣，脊部有时棕色。蒴盖长圆锥形，先端常圆钝。蒴帽小，亦为圆锥形，平滑，仅罩于蒴盖先端。孢子球形，甚小，直径 5~15 μm，表面具细疣。

◎ **烟杆藓属** *Buxbaumia* Hedw.

　　属的特征与科相同。

花斑烟杆藓 *Buxbaumia punctata* P. C. Chen & X. J. Lee

孢蒴棕红色至褐色，一般成长卵状筒形，斜生，不对称，具明显背腹分化，背面较平，其上具多数棕红色斑点，下方收缩成短台部。具气孔。环带分化。蒴齿两层；外齿层较短，退化；内齿层白色膜状，成纵长扇状褶的锥筒形，脊 16，具细疣。蒴盖圆锥形，顶端圆钝。蒴帽短，仅罩覆蒴盖。孢子球形，直径一般 5~9μm，表面具细疣。

生境：多生于高山林地或林下腐木上。

标本编号：20200620-7

花斑烟杆藓

美姿藓科 Timmiaceae

植物体与金发藓科植物相似，深绿色，稀疏群生。茎直立，叶干燥时直立，紧贴茎上，潮湿时倾立；叶片单细胞层；边缘内卷成管形，不具分化边缘，上部有深锯齿；中肋强劲，在叶尖处消失，尖端背面有齿，具中央主细胞及背腹厚壁层。叶细胞小，成四至六边状圆形，腹面具尖乳头状突起。孢子体单生，蒴柄长。

◎ **美姿藓属** *Timmia* Hedw.

属的特征与科相同。

美姿藓北方变种 *Timmia megapolitana* var. *bavarica* (Hessl.) Brid.

本变种的叶鞘部细胞背面平滑无疣，中肋背面也平滑无刺状疣；叶片上部细胞成四至六边形，细胞角隅不加厚。

生境：岩面薄土。

标本编号：20200620-23

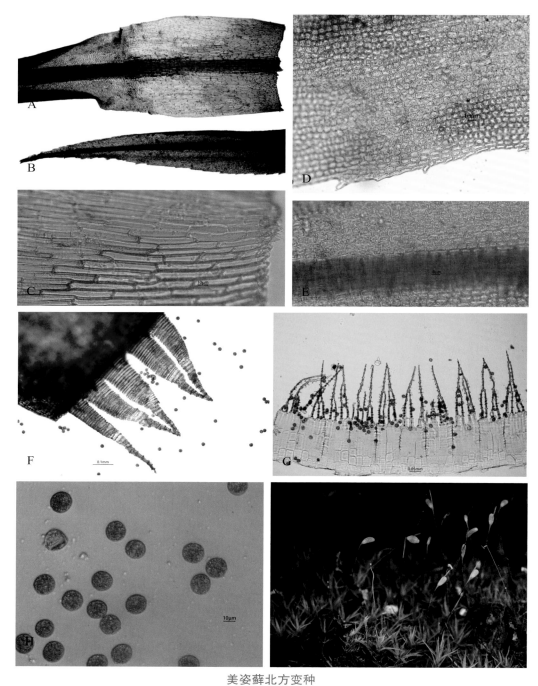

美姿藓北方变种

A：叶基部；B：叶尖部；C：叶基部细胞；D：叶中部细胞；E：叶上部细胞；F：齿条；G：齿片；H：孢子

大帽藓科 Encalytaceae

植物体密集或疏松垫状。茎单一或稀疏分枝。叶片干燥时卷缩，潮湿时伸直倾立，多数舌形或匙形，先端圆钝，具短尖，或具细长透明毛尖；叶缘平直或下部背卷，稀内卷；中肋多数及顶伸出或在先端消失；中上部细胞不规则圆方形，具细密疣或平滑；或基部细胞长方形，近边缘数列细胞细长形，薄壁。蒴帽长且大，覆盖整个孢蒴，蒴帽顶端狭长为喙部。

◎ **大帽藓属** *Encalypta* Hedw.

植物体垫状丛生，上部绿色至黄绿色，下部褐色。茎单一，多数无分化中轴。叶片干燥时强烈卷缩，潮湿时伸直倾立，多数舌形或匙形，先端圆钝、具短尖，或具细长透明毛尖；叶缘平直或下部背卷，稀内卷；中肋多数及顶伸出或在先端消失；中上部细胞不规则圆方形，具细密疣或平滑；或基部细胞长方形，近边缘数列细胞细长形，薄壁。蒴柄直立。孢蒴圆筒形，直立，表面平滑或具明显纵长条纹。蒴盖具直长喙。蒴齿多样，单层，双层或退化。蒴帽大，钟形，覆盖整个孢蒴，黄褐色，具光泽，表面平滑或上部具瘤，基部多具裂瓣。孢子较大，表面具不规则细疣或粗棒状纹饰，稀近于平滑。

大帽藓 *Encalypta ciliata* Hedw.

植物体绿色或黄绿色，高 0.5~3 cm。茎单一，基部具假根。叶潮湿时伸直倾立，长 3~6 mm，长卵圆形；叶缘中下部两边背卷；中肋单一，粗壮，突出成刺状；叶上部细胞圆方形，直径12~15 μm，具细密疣，不透明；叶基部中肋两侧细胞长六边形，长 26~39 μm，宽 10~13 μm，细胞边缘成红褐色；基部近边缘数列细胞窄长形，薄壁。雌苞叶与上部茎叶同形。蒴柄直立，黄色或黄褐色，长 5~12 mm，孢蒴直立，长圆筒形，表面平滑。蒴盖具直长喙，长达 1.52 mm。蒴帽大，钟状，覆盖整个孢蒴，表面多平滑，有时上部具疣突，喙部细长，基部边缘具长三角形的裂瓣。孢子黄色，直径 32.7 μm，表面近于平滑，有少数不规则皱折。

生境：石生。

标本编号：20200618-11、20200614-9

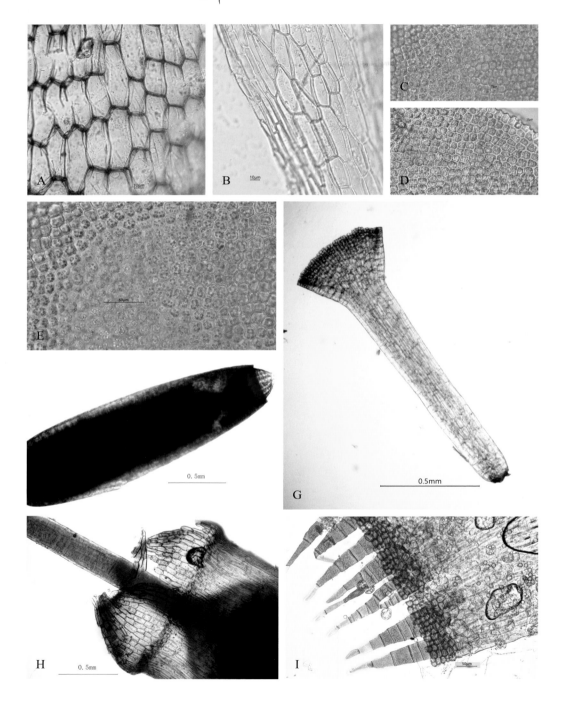

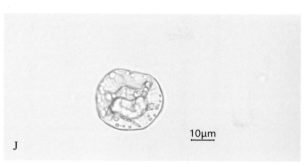

大帽藓

A：叶基部细胞；B：叶基部边缘细胞；C：叶中部细胞；D：叶上部细胞；E：叶细胞疣；F：孢蒴；G：蒴盖；H：蒴帽下部；I：蒴齿；J：孢子

高山大帽藓 *Encalypta alpina* Smith

植物体较大，密集丛生，黄绿色，下部成褐色，高 1~3 cm。茎单一，基部具假根。叶干燥时略扭曲，潮湿时倾立向上，长 2.8~3.5 mm，从鞘状长形基部向上收缩成披针形，先端具长毛尖；叶缘平展，上部具微波纹；中肋粗壮，突出于叶端形成芒刺状；叶上部细胞由于密被细疣而形状模糊；叶基部中肋两侧细胞长方形，宽 5 μm，长 23 μm；边缘数列细胞狭长方形，长 64 μm，宽 7 μm。蒴柄红褐色，长 7~10 mm，直立，干燥时上部扭曲；孢蒴直立，长圆筒形，长约 4 mm，表面平滑。蒴帽大，窄长钟形，黄绿色，覆盖整个孢蒴，喙部短，仅为全长的 1/5 左右，基部具三角形裂瓣。

生境：石生。

标本编号：20200614-15

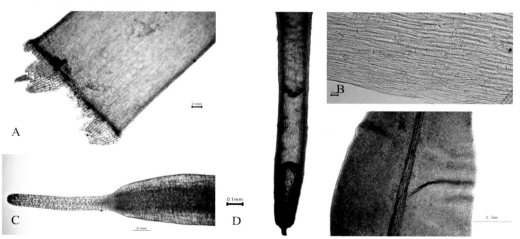

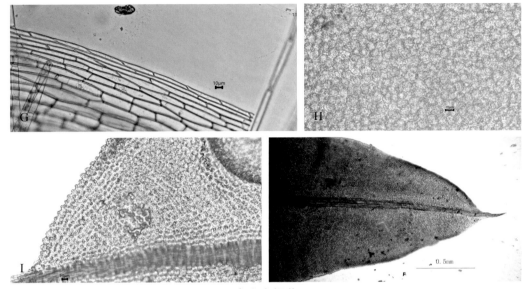

高山大帽藓

A：孢蒴下部；B：蒴帽表皮细胞；C：蒴盖上部；D：蒴帽上部；E：叶中部；F：叶上部；
G：叶基部边缘细胞；H：叶中部细胞；I：叶上部边缘细胞

缩叶藓科 Ptychomitriaceae

植物体绿色至黄褐色，丛生，常在岩石面上成圆形垫状。茎直立，单一或稀疏分枝。叶多列，披针形或狭长披针形，叶缘平直，有的中上部具齿；中肋单一，强劲，在叶尖前消失或稍突出，横切面具中央主细胞和背腹厚壁层；叶中上部细胞小，圆方形或近方形，壁增厚，有时略成波状加厚，多数平滑；叶基部细胞长方形或长形，薄壁，有时成波状加厚。

◎ 缩叶藓属 *Ptychomitrium* Füernr.

植物体绿色或暗绿色，垫状丛生。茎直立或倾立，单一或稀分枝，基部有假根，具分化中轴。叶干燥时皱缩，多数内卷，潮湿时伸展倾立，披针形或长披针形；叶缘平直，平滑或上部有齿突或粗锯齿；中肋单一，强劲，达叶尖前消失；叶中上部细胞小，圆方形或近方形，厚壁，有时壁成波状加厚；基部细胞长方形，薄壁或壁波状增厚。

齿边缩叶藓 *Ptychomitrium dentatum* (Mitt.) A. Jaeger

植物体丛生，绿色或黄绿色，高 1~3cm。茎直立或倾立，多叉状分枝，具明显中轴。叶干燥时略卷曲，潮湿时伸展倾立，舌形或宽线披针形，长 34.5mm，上部龙骨状背凸，先端多数尖锐，有时钝，中肋强劲，在叶尖前消失，叶缘平直或中下部窄背卷，中上部具由多细胞构成的尖齿，叶上部细胞常不透明，圆方形或近方形，壁稍厚，叶基部细胞长方形至短长方形，薄壁透明。

生境：腐质、林下湿石。

标本编号：20200616-15、20200612-8

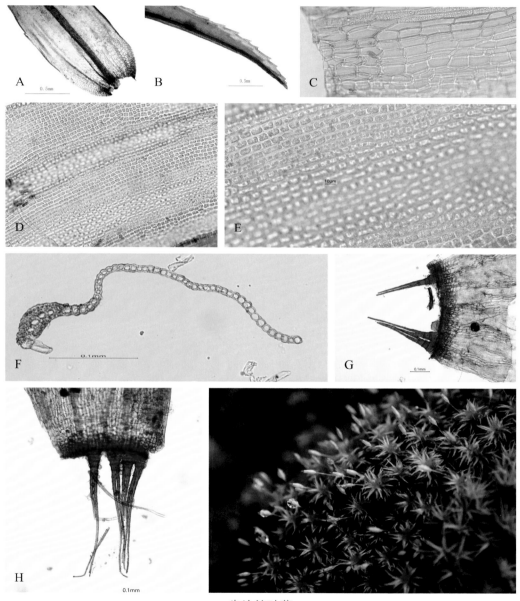

齿边缩叶藓

A：叶基部；B：叶尖部；C：叶基部细胞；D：叶下部细胞；E：叶中部细胞；F：叶上部横切；G—H：蒴齿

台湾缩叶藓 *Ptychomitrium formosicum* Broth. & Yasuda

植物体粗壮，上部黄绿色，下部黑色，茎多分枝。叶基部长方形，具纵褶，向上成披针形，具多细胞形成的齿；中肋单一，到达叶尖；叶下部背卷。

生境：树基。

标本编号：20190922-178

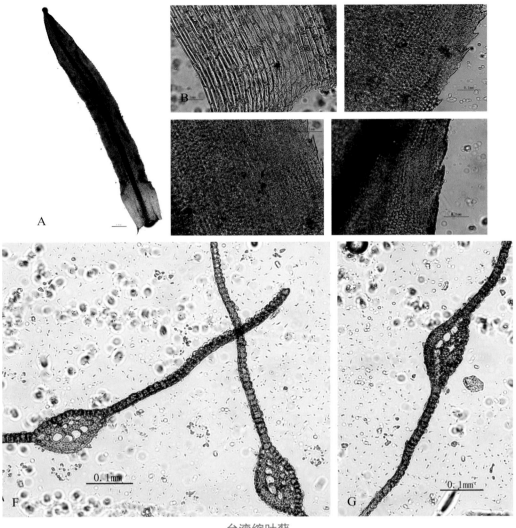

台湾缩叶藓

A：叶；B：叶基部细胞；C：叶边齿；D—E：叶细胞；F—G：叶横切

狭叶缩叶藓 *Ptychomitrium linearifolium* Reimers in Reimers & Sakurai

植物体粗壮，绿色至黄绿色。茎单一，有时具分枝。叶干燥时上部卷曲，潮湿时倾立展开，上部略弯曲，基部卵形，向上成线披针形，先端窄而尖锐，上部龙骨状背凸，下部内凹；中肋单一，强劲，几达叶尖或在叶端前消失；叶缘中下部略背卷，上部具不规则多细胞锯齿，叶上部细胞不透明，圆方形或近方形，壁略增厚；叶基部细胞长方形，近边缘细胞略窄长，薄壁透明。

生境：树干。

标本编号：20200614-5

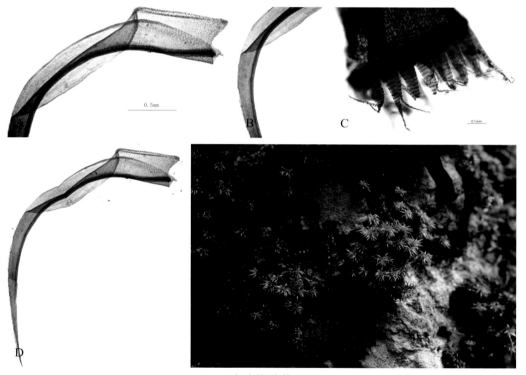

狭叶缩叶藓

A：叶下部；B：叶中部；C：蒴齿；D：叶

紫萼藓科 Grimmiaceae

植物体深绿色或黄绿色，多生于裸露岩石或砂土上，属多年生旱生藓类。茎直立或倾立，两叉分枝或具多数分枝，基部具假根。叶多列密生，成覆瓦状排列，干燥时有时扭曲，披针形，窄长披针形，稀卵圆形，先端常具白色透明毛尖，或圆钝；叶缘平直或背卷，稀内凹；中肋单一，强劲，达叶尖或在叶先端前消失；叶中上部细胞小，成方形或不规则方形，厚壁，常不透明，平滑或具疣，壁有时成波状加厚；叶基部细胞短长方形或狭长方形，壁薄或不规则波状加厚；角细胞多数不分化。

◎ **紫萼藓属** *Grimmia* Hedw.

植物体密集垫状或疏松丛生，多成深绿或紫黑色。茎直立，具稀疏或多数叉状分枝。叶干燥时覆瓦状排列，有时扭曲，潮湿时伸展，卵圆形至卵状披针形，有时长披针形，上部内凹或龙骨状背凸，先端多数有白色透明毛尖。叶缘平直或背卷，上部两层。中肋单一，粗壮，及顶或在先端前消失。叶上部细胞小，不规则方形或短长方形，1~4 层，不透明，壁多数增厚。基部近边缘细胞近方形至长方形，在草壁或具明显增厚的纵壁；中肋两侧细胞长形，壁薄或波状加厚。

垫丛紫萼藓 *Grimmia pulvinata* (Hedw.) Sm.

植物体常成密集毛状丛生小垫状，褐色。茎叉状分枝，具分化良好的中轴细胞。叶长披针形，先端具细长白色透明毛尖，毛尖具细齿，长与叶长相等；叶缘一侧或两侧窄背卷，上部两层；中肋单一，及顶伸出；叶上部细胞除边缘外单层，圆方形，壁略波状加厚；中部细胞方形至短长方形，壁平直；基部细胞短长方形至长方形，具平直薄壁。

生境：石生。

标本编号：20200617-2

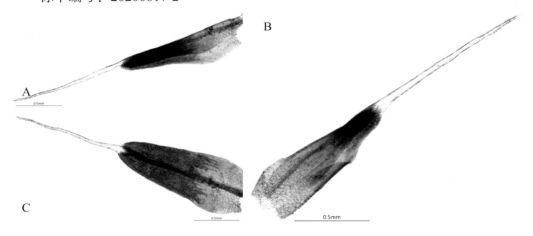

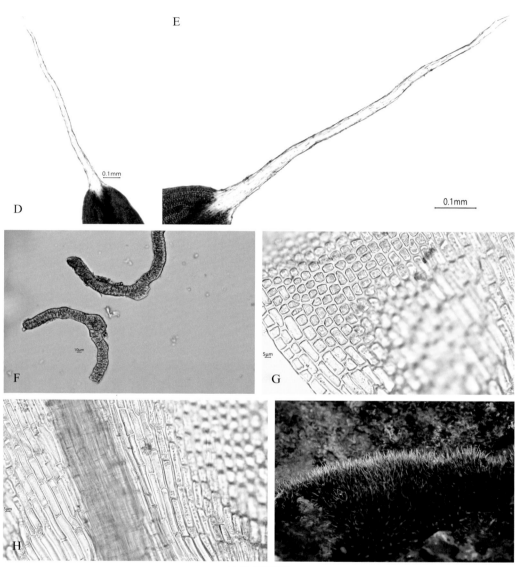

垫丛紫萼藓

A—C：叶；D—E：叶先端白色毛尖；F：叶上部横切；G：叶基部近边缘细胞；H：叶基部中部细胞

◎ **矮齿藓属** *Bucklandiella* Roiv.

植物体丛集生长，黄绿色，主茎匍匐，分枝不规则。叶先端具白色毛尖，细胞壁强烈加厚，形成波状。

偏叶矮齿藓 *Bucklandiella subsecunda* (Hook. & Grev. ex Harv.) Bednarek-Ochyra & Ochyra

植物体强壮，疏松丛生，茎匍匐，不规则分枝。叶常偏向一侧，披针形，基部卵圆形，先端具白色透明毛尖；中肋粗壮，到达叶尖。上部细胞单层，壁波状，平滑；基部细胞波状加厚；叶角细胞明显分化。

生境：石生。

标本编号：20190923-1

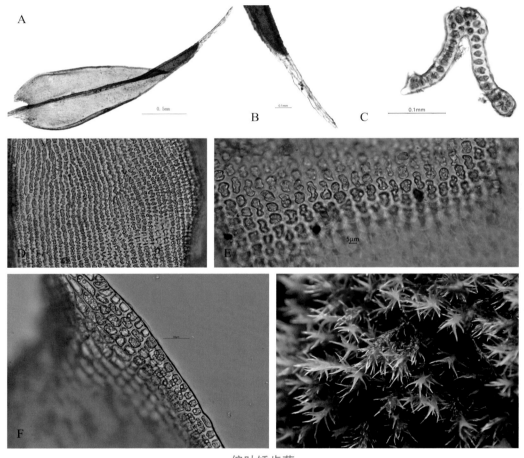

偏叶矮齿藓

A：叶；B：白色毛尖；C：叶上部横切；D：叶基部细胞；E：叶中部细胞；F：叶角细胞

◎ **砂藓属 Racomitrium Brid.**

东亚砂藓 Racomitrium Japonicum

生境：石生。

标本编号：20200620-25

牛毛藓科 Ditrichaceae

小型藓类，植物体黄绿色，叶披针形，上部细长，偏向一侧；中肋单一，突出叶端；无角细胞分化，肩部细胞与其他细胞不同。

◎ **对叶藓属 Distichium Bruch & Schimp.**

植物体细小，丛集生长，大多数为黄色，茎单一直立生长，叶披针形，向上渐尖；叶缘平直，中肋到达叶尖；叶基部细胞短长方形，薄壁透明；肩部细胞不规则方形。

斜蒴对叶藓 Distichium inclinatum (Hedw.) Bruch & Schimp.

植物体小，茎直立，中肋单一，扁平，占满整个叶上部。

生境：土生。

标本编号：20200620-22A

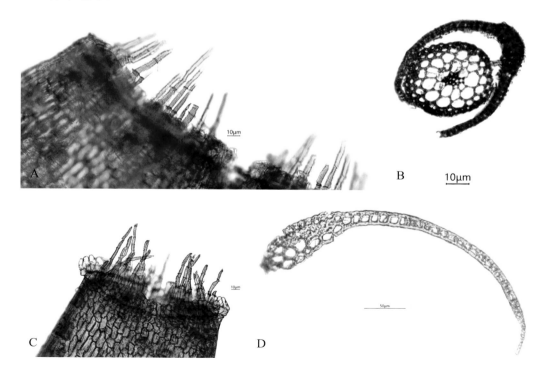

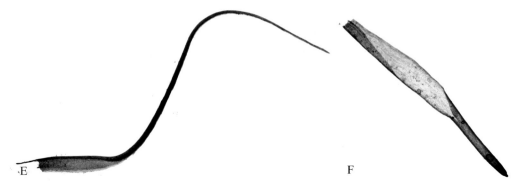

斜蒴对叶藓

A：齿条；B：茎横切；C：蒴齿；D：叶基部横切；E：叶；F：蒴帽

小曲尾藓科 Dicranellaceae

小型土生藓类，茎直立，叶片在基部小，向上逐渐变宽，披针形，背仰；中肋在叶尖突出成芒尖；叶细胞平滑，叶基部细胞矩形，上部狭长方形，角部细胞不分化。

◎ 小曲尾藓属 *Dicranella* (Müll. Hal.) Schimp.

属的特征与科相同。

多形小曲尾藓 *Dicranella heteromalla* (Hedw.) Schimp.

藓丛有光泽，上部叶成细长尖；叶边平展，中上部有齿；叶边中上部具 1~2 列分化边缘。蒴齿不裂为线形。

生境：腐质。

标本编号：20190922-173

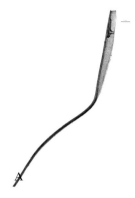
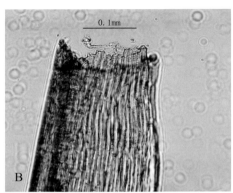
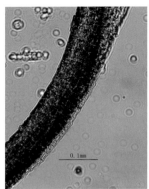

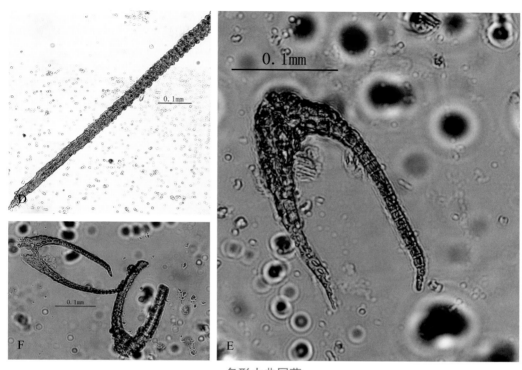

多形小曲尾藓

A：叶；B：叶基部；C：叶中部；D：叶尖部；E—F：叶横切

曲背藓科 Dncophoraceae

植物体具光泽。茎直立，叶背仰，基部宽大，向上渐狭成长披针形；叶片中部长内卷；中肋粗壮到达顶端有时突出；肩部细胞为不规则形状。

◎ **曲背藓属** *Oncophorus* (Brid.) Brid.

植物体小，其余特征与科相同。

大曲背藓 *Oncophorus virens* Brid.

植物体黑褐色，叶基部宽，上部边缘外卷，叶边有 2~3 个细胞，有粗齿。

生境：腐质。

标本编号：202006-1

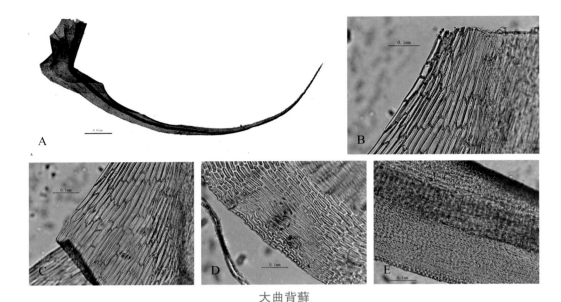

大曲背藓

A：叶；B：叶角部细胞；C：叶基部边缘细胞；D：叶肩部细胞；E：叶中部细胞

曲背藓 *Oncophorus wahlenbergii* Brid.

植物体黄绿色，叶基部宽鞘状，背仰。

生境：腐木。

标本编号：20190922-200A

◎ **合睫藓属** *Symblepharis* Mont.

植物体柔软，叶基部鞘状，向上渐尖，有肩部和波纹；叶片完全背仰，尖部细长。

合睫藓 *Symblepharis vaginata* (Hook.) Wijk & Marg.

叶片基部鞘状，叶边平直，尖部具齿；中肋细，到达叶尖；肩部细胞不规则。

生境：腐木、树生。

标本编号：20190922-250、20190922-187B、20190922-167

曲尾藓科 Dicranaceae

多为石生藓类，植物体成大片丛生，茎直立。叶片多列，密生，基部阔，上部披针形，常有毛状或细长有刺的长叶尖；叶边平直或内卷；中肋长达叶尖，突出或于叶尖前部终止；叶基部细胞短或狭长矩形，上部细胞较短，成方形或长圆形或狭长形，平滑或有瘤或有乳头状突起，角细胞常特殊分化成一群无色或红褐色厚壁或薄壁大细胞。

◎ **曲尾藓属** *Dicranum* Hedw.

植物体丛生或密集丛生，绿色、褐绿色、黄绿色，有时成鲜绿色，多具光泽。茎直立或倾立，不分枝或叉状分枝，基部具假根，有时全株被覆假根。叶片多列，直立或成镰刀形一向偏曲，狭披针形，渐成细披针形叶尖，干燥时内卷成筒形；叶边多有齿，稀平滑，单层或双层细胞构成；中肋细或略粗，与叶片细胞界线明显，达叶片先端终止或突出成毛尖，中上部背面平滑或具疣；角细胞明显分化，方形，厚壁或薄壁，无色或棕褐色，单层或多层，与中肋之间常有一群无色大细胞；叶片中下部细胞多为长方形或线形，边缘多狭长，中上部有部分种为方形，多数为狭长形。

东亚曲尾藓 *Dicranum nipponense* Besch.

植物体中小型，丛生深绿色，有弱光泽，潮湿时柔软。茎直立或叉状分枝，高达 2~5 cm，叶稀疏。叶片贴生或四散伸展，顶端叶片一向弯曲，披针形渐尖，上部背凸龙骨状，长约 7 mm，茎下部叶短阔；叶边 1/3 以上有粗齿，齿由单细胞构成，下部叶边平滑；中肋细弱，达于叶尖前部终止，背面有锐齿；角细胞褐色，长方形，薄壁；叶下部细胞狭长，薄壁有壁孔。

生境：腐质。

标本编号：20200618-19

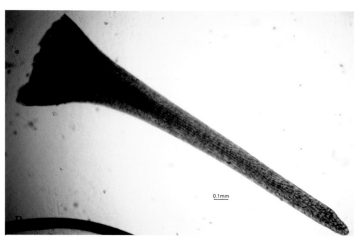

东亚曲尾藓

A：蒴帽；B：蒴盖；C：蒴齿；D：孢子；E：叶下部；F：叶尖部；G：叶基部细胞；H：叶下部细胞；I：叶中部细胞；J：叶上部细胞；K：茎横切；L：叶尖部

白发藓科 Leucobryaceae

植物体淡绿色或灰白色，具光泽。茎直立，叶多列，肥厚；中肋宽阔。

◎ **白氏藓属** *Brothera* Müll. Hal.

植物体细小，黄色。茎直立，不分枝，叶直立，基部管状，具叶耳，上部披针形；中肋宽阔，横切面中间有一层绿色细胞，角细胞分化不明显。

白氏藓 *Brothera leana* (Sull.) Müll. Hal.

植物体细小，黄白色，密集丛生，茎直立，不分枝，植物体顶端具有众多芽胞。叶横切中间有一层绿色细胞，上下各有1~2层透明细胞；叶角细胞不分化，短矩形；叶缘细胞狭长。

生境：腐木。

标本编号：20200617-7

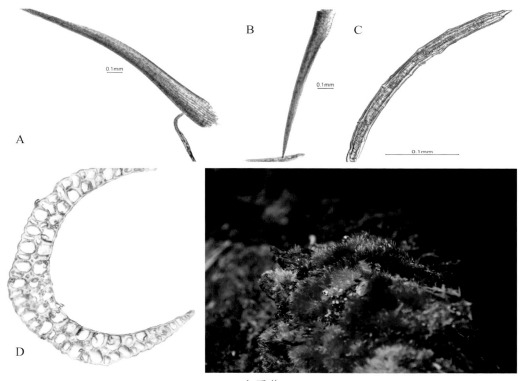

白氏藓

A—B：叶；C：芽胞；D：叶下部横切

◎ **青毛藓属** *Dicranodontium* Bruch & Schimp.

植物体密集丛生，成绿色，一般个体较大，毛糙感。茎单一或有分枝，中轴分化较弱。叶直立或成镰刀形弯曲；基部宽，向上成细披针形，叶边内卷，上部近似管状，多平滑；中肋平阔，横切面和背腹面皆有厚壁层；叶细胞为方形或长方形，有或无明显壁孔，基部近中肋细胞成长方形或六边形，向边缘渐狭长，边缘常有几列狭长形细胞；角细胞大，无色或黄褐色，厚壁或薄壁，常达于中肋，凸出成耳状或不凸出。

丛叶青毛藓 *Dicranodontium caespitosum* (Mitt.) Paris

植物体密集丛生，褐绿色，有弱光泽。茎常叉状分枝，顶端生长层明显，高达1.5 cm。茎横切面外层有一层大细胞，向内为2~3层厚壁棕色小细胞，中轴为几个透明厚壁小细胞，皮部与中轴之间有几层透明大细胞。叶片直立或成镰刀形一向偏曲，茎基部叶小，向上渐大，长达7 mm，基部长卵形，向上细披针形，叶边内卷成管状，边缘平滑，毛尖部粗糙；中肋扁阔，占基部宽的1/3~1/2，达先端突出；叶细胞长方形或狭长方形，角细胞大，透明，不规则，叶基部细胞短长方形，边缘细胞狭长形，中部为狭长方形。

生境：石生。

标本编号：20190924-238

长叶青毛藓 *Dicranodontium didymodon* (Griff.) Paris

植物体丛生，有弱光泽，叶片直立，细披针状，上部叶成管状，先端具细长尖，有细齿。叶基部边缘有几列狭长细胞。

生境：腐木。

标本编号：20190922-130A、20190924-140E、20190922-131

毛叶青毛藓 *Dicranodontium filifolium* Broth.

植物体纤细，密集丛生，黄绿色，无光泽。茎直立或倾立，被覆棕褐色假根，不分枝或稀分枝，茎横切面圆形，皮部有一层褐色厚壁细胞，中央有几个厚壁无色小细胞构成中轴，皮部与中轴之间为薄壁大细胞，黄色，叶直立或干燥时弯曲，成镰刀状偏曲，茎下部叶小，向上变大，一般内卷成管状，基部卵形，渐上成细披针形，长达6mm，毛尖部有齿突；中肋扁阔，约占基部的1/4，在叶先端突出成毛突状；叶细胞方形，或长方形厚壁，基部近中肋长方形阔大，边缘略狭长，向上为方形或短长方形厚壁；角细胞数少，凸出成耳状，黄褐色或无色。未见孢子体。

生境：腐木。

标本编号：20190924-85B

山地青毛藓 *Dicranodontium didictyon* (Mitt.) A. Jaeger

植物密集丛生，棕黄绿色，具弱光泽。茎直立或倾立，高达4 cm，茎皮部有

2~3层厚壁黄绿色小细胞，中轴为几个厚壁无色细胞，皮部与中轴中间为几层黄色大细胞，常不分枝，稀分枝，枝短。叶直立或倾立，常一向偏曲，长达1.2mm，茎下部叶小，基部宽，向上为细长披针形，叶边内卷成管状，全缘，叶先端毛尖状，中肋褐色，基部为叶宽的1/3达尖部突出毛尖状，有细齿；角细胞不凸出，不规则四至六边形，薄壁透明，与叶细胞界线明显；叶细胞方形、长方形或长椭圆形，基部近中肋细胞大，排列疏松，方形或长六边形，边缘细胞狭长，向上细胞壁加厚，色加深，稀壁孔，边缘细胞狭线形，上部细胞短长方形。雌雄异株。雄株常较矮小。

生境：腐质。

标本编号：20200614-3

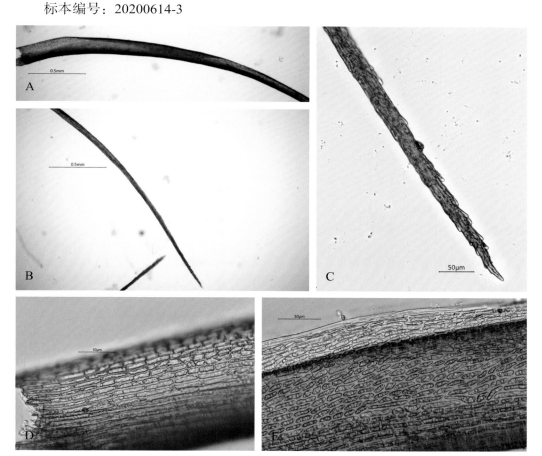

山地青毛藓

A：叶下部；B：叶上部；C：叶尖部；D：叶基部细胞；E：叶基部边缘细胞；F：叶上部细胞；G：叶横切

凤尾藓科 Fissidentaceae

植物体细小、丛集、多为土生或石生，稀为树生，绿色或黄绿色。茎直立，单一，中轴分化或不分化，基部具假根。叶腋内有时有由无色透明细胞组成的突起结节。叶互生，排成扁平的 2 列，通常可分成：①鞘部。位于叶的基部，成鞘状而抱茎；②前翅。在鞘部前方，中肋的近轴扁平部分；③背翅。在鞘部和前翅的对侧，即中肋的远轴扁平部分；叶边全缘或具齿，有时具由狭长细胞构成的分化边缘；中肋单一，常长达叶尖或于叶尖稍下处消失；叶细胞多为圆六边形或不规则多边形，平滑或具疣，或具乳头状突起，角细胞不分化。

◎ **凤尾藓属** *Fissidens* Hedw. Sp

属的特征大致与科相同。

齿叶凤尾藓 *Fissidens crenulatus* Mitt.

植物体绿色，细小。茎横切中轴不分化，叶上部长圆状披针形；鞘部为全长的 1/2 或 3/5，对称；叶边具细锯齿；中肋粗壮，达到叶尖；前翅和背翅细胞圆四方形至六角形，具单疣。

生境：石生。

标本编号：20190922-129

卷叶凤尾藓 *Fissidens dubius* P. Beauv.

植物体绿色至带褐色。茎单一，连叶高 10~50 mm，宽 3.5~5 mm；无腋生透明结节；茎中轴明显分化。叶 13~58 对，排列较紧密；最下部的叶细小；中部以上各叶远比最下部叶大，披针形，长 3.2~3.5 mm，宽 0.7~0.8 mm，叶先端处有不规则的牙齿，其余各处具细圆齿至锯齿；由 3~5 列厚壁而平滑的细胞构成一条厚度为 1 层（罕为 2 层）细胞的浅色边缘，此浅色边缘在前翅和背翅远比在鞘部明显；中肋粗壮，及顶；前翅和背翅细胞通常圆状六边形，罕为椭圆状卵圆形，长 10~11 μm，不透明，前翅厚 1 层细胞，偶为厚 2 层细胞；鞘部细胞与前翅和背翅细胞相似，但乳头状突起较少。蒴柄侧生，长 6 cm，平滑。孢蒴稍倾斜，不对称；蒴壶长 0.8~1.4 mm；蒴壁细胞四方形至长圆形，纵壁较厚，横壁较薄。

生境：树基、腐质。

标本编号：20200616-12、20200614-7

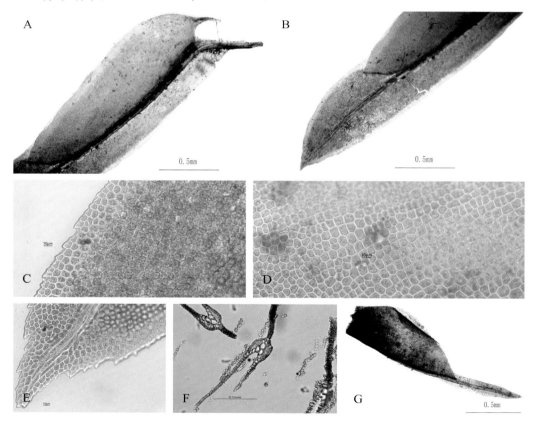

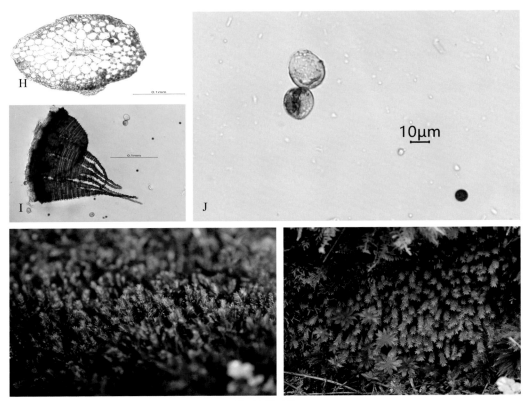

卷叶凤尾藓

A：叶下部；B：叶上部；C：前翅边缘细胞；D：鞘部细胞；E：叶尖部；F：叶横切；G：雌苞叶；H：茎横切；I：蒴齿；J：孢子

拟小凤尾藓 *Fissidens tosaensis* Broth.

植物体褐绿色。茎直立，连叶高 2.6~5 mm，宽 1.8~3.5 mm；腋生透明结节不明显或不分化，中轴分化。叶 4~9 对，中部及上部叶长圆状披针形至卵圆状披针形，长 1.3~1.6 mm，宽 0.4~0.5 mm，急尖；背翅基部圆形至楔形；鞘部对称或稍不对称；叶边先端通常稍具锯齿，其余叶边缘为 1~2 列透明分化边缘细胞；中肋粗壮，及顶至短突出；前翅和背翅细胞四方形至六边形，长 7~14 μm，壁稍厚，平滑，鞘部细胞与前翅和背翅细胞相似，但越靠近中肋基部，鞘部细胞则更大、更长。

生境：土生。

标本编号：20200616-2

拟小凤尾藓

丛藓科 Pottiaceae

植物体矮小丛生。茎直立，多具中轴，单一，稀叉状分枝或成束状分枝。叶多列，干燥时多皱缩，稀紧贴茎上，潮湿时伸展或背仰；叶片多成卵形、三角形或线状披针形，稀成阔披针形、椭圆形、舌形或剑头形；先端多渐尖或急尖，稀圆钝；叶边全缘，稀具齿，平展，背卷或内卷；中肋多粗壮，长达叶尖或稍突出，稀在叶尖稍下处消失，中央具厚壁层；叶细胞成多角状圆形、方形、五角形或六角形，细胞壁上具疣或乳头突起，稀平滑无疣；叶基细胞常常分化成方形或长方形，平滑透明。

◎ **扭口藓属** *Barbula* Hedw.

植株矮小纤细或略粗壮，绿色或带红棕色，密集丛生。茎叉状分枝，具分化的中轴，基部密生假根。叶卵状披针形或三角状线状披针形，先端渐尖或急尖；叶边全缘，整齐背卷；中肋粗壮，长达叶尖或在叶尖稍下处消失，稀突出叶尖；叶上部细胞形小，壁稍厚，不透明，具单疣或多个细疣，稀具乳头或平滑；基部细胞稍长大，多成短矩形，平滑无疣。有时叶腋或叶面上着生无性繁殖的芽胞体。

暗色扭口藓 *Barbula sordida* Besch.

植物体密集丛生，灰绿色。茎直立，密被叶。叶片干燥时皱缩，潮湿时伸展，整个叶片均较阔，成卵状披针形，下部往往具纵长皱褶先端宽且圆钝，具小尖头；叶边全缘，平展或稍背卷；中肋粗壮，长达叶尖，背面具明显突出的粗疣；叶上部细胞成四至六角形，胞壁薄，每个细胞具多个不规则形的细疣；叶基部细胞较长大。

生境；树生。

标本编号：20190922-41A

扁叶扭口藓 *Barbula anceps* cardot.

植物体丛生，绿色带棕黄色。茎直立，高 3~4 cm，具叉状分枝。叶倾立，扁平，成卵状披针形，长 2~2.25 mm，宽 0.6~0.75 mm，先端渐尖，叶边全缘，稍背卷；中肋粗壮，长达叶尖；叶上部细胞成方形或上方状椭圆形，壁较厚，密被细疣；叶基部细胞成不规则的狭长方形，胞壁薄，平滑无疣。雌雄异株。雌苞叶成卵状狭披针形，内凹，先端渐尖。

生境：流水钙华。

标本编号：20190923-128

东亚扭口藓 *Barbula subcomosa* Broth.

植物体硬挺，密集丛生，叶疏生。叶基部宽阔，叶片成三角状披针形，叶边全缘，平展；中肋长达叶尖；叶细胞多角状圆形，不整齐排列，具马蹄形细疣。

生境：石壁。

标本编号：20190922-267

钝叶扭口藓 *Barbula chenia* Redf. & B. C. Tan

植物体矮小，密集丛生，不具分枝，舌状披针形；叶缘波曲；中肋粗壮，长达叶尖；叶上部细胞具乳头状突起；叶基部细胞长方形，平滑透明。

生境：藤本植物附生。

标本编号：20190922-234

扭口藓 *Barbula ehrenbergii* (Lorentz) M. Fleisch.

植株柔软，鲜绿色，高 4~8 cm。叶成卵状舌形，先端圆钝，有时稍成兜形；叶边全缘，平展；中肋粗壮，长达叶尖稍下部；上部叶细胞薄壁，平滑无疣；基部细胞为透明长方形，平滑无疣。

生境：石生。

标本编号：20190924-115

◎ 对齿藓属 *Didymodon* Hedw.

植物体密集丛生，暗绿色带棕色。茎中轴分化。叶暗绿色，多带褐色，叶缘多背卷，上段具疏齿；中肋长达叶尖，稍突出或在叶尖稍下处即消失，背面表皮细胞成圆方形或矩圆形。叶中上部细胞圆形、圆方形或菱形，细胞壁较薄，分界明显，平滑或具矮而大的钝圆疣。

长尖对齿藓 *Didymodon ditrichoides* (Broth.) X. J. Li & S. He

植株紧密丛生，黄绿色。茎直立，高 2~3.5 cm，多单一，稀分枝。叶三角状或阔卵圆状披针形，叶边全缘，背卷，中肋突出叶尖成刺芒状，叶片上部细胞不规则方形或略成圆形，壁稍厚，具单一细疣，基部细胞不规则的长方形，多平滑透明。

生境：树生、土生。

标本编号：20190922-42、20190921-11、20190923-107

大对齿藓 *Didymodon giganteus* (Funck.) Jur.

植物体高大，高可达 10cm，疏松丛生，黄绿带褐色。茎多分枝。叶基三角状阔卵圆形，渐成狭披针形；叶边全缘，下部背卷；中肋细长，至叶尖消失，成红褐色，叶细胞壁不规则地强烈增厚，每个细胞具 1~2 个小圆疣；基部细胞成狭长方状蠕虫形，平滑无疣，壁孔明显。

生境：腐质、沼泽。

标本编号：20190922-204C、20200619-5

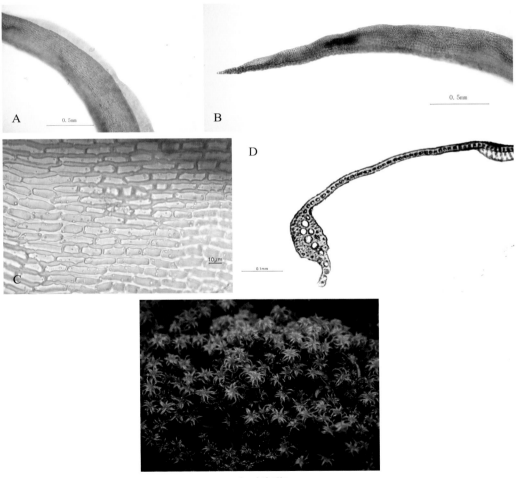

大对齿藓

A：叶中部；B：叶上部；C：叶基部细胞；D：叶横切

黑对齿藓 *Didymodon nigrescens* (Mitt.) Saito

植物体潮湿时成暗绿色至红棕色或黑色，垫状密集丛生，具分枝。叶基部较阔，卵状披针形，中肋两侧具长纵褶，叶边全缘且明显背卷；中肋长达叶尖；叶上部细胞具不明显大疣；基部细胞长方形，有时具单一粗疣。

生境：石壁。

标本编号：20190922-276

红对齿藓 *Didymodon asperifolius* (Mitt.) H. A. Grum

植株暗绿带红棕色，密集丛生，高 5~10 cm。茎直立或倾立，具叉状或成簇分枝。叶成卵状披针形，渐尖；叶边全缘，边缘背卷；中肋细长，至叶尖稍下处消失；叶上部细胞成三至五角状圆形，胞壁强烈增厚，中部具 1 个大圆疣；基部细胞成不规则的长方形，平滑无疣。

生境：树干、石生、岩面薄土。

标本编号：20190923-102、20200617-4、20200614-14

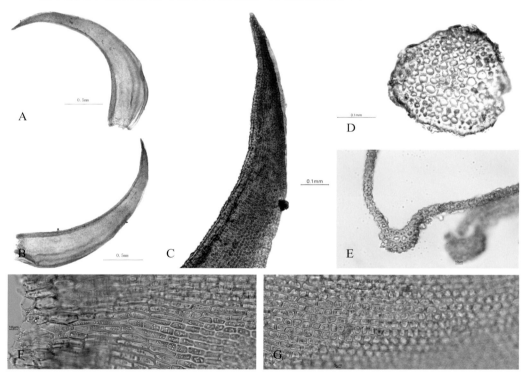

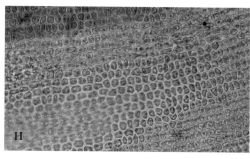

红对齿藓

A—B：叶；C：叶尖部；D：茎横切；E：叶横切；F：叶基部细胞；G：叶下部细胞；H：叶中部细胞

尖叶对齿藓芒尖变种 *Didymodon constrictus. var. flexicuspis* (P. C. Chen) Saito

本变种与原变种之区别点在于叶片基部较宽，向上渐尖成钻状；叶边下段背卷；中肋突出叶尖成长芒状，且先端往往弯曲。

生境；腐质、石生。

标本编号：20190924-164A、20190923-62、20190923-191

溪边对齿藓 *Didymodon rivicola* (Broth.) R. H. Zander in T.J. Kop.

植株黄绿色，密集丛生。茎高达4cm，具叉状分枝。叶长卵形，渐尖，叶边全缘，背卷；中肋粗壮，长至叶尖处消失；叶上部细胞壁增厚，每细胞具单一大疣；基部细胞不规则狭长方形，平滑。

生境：土生。

标本编号：20190921-18

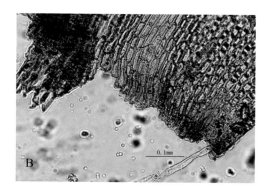

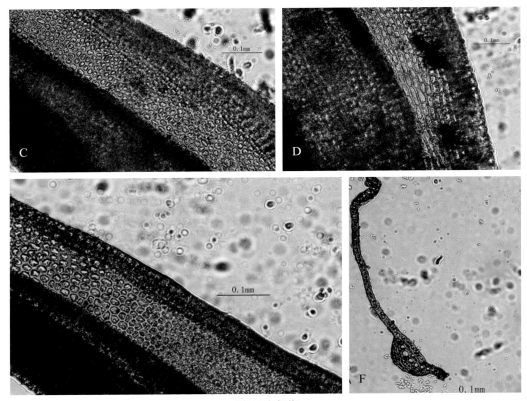

溪边对齿藓

A：叶；B：叶基部；C—D：叶中部细胞；E：叶边缘；F：叶横切

◎ **立膜藓属** *Hymenostylium* Brid.

植物体密集丛生，具分枝。叶成舌状或线状披针形，叶边全缘，中肋长达叶尖；叶上部细胞具低乳头状或单一疣；叶基部细胞长方形，薄壁，具壁孔。

立膜藓 *Hymenostylium recurvirostrum* (Hedw.) Dixon

植物体密集丛生，达 2~4 cm，具密分枝。叶成披针形，叶边缘平展；中肋长达叶尖；叶上部细胞具数个圆疣，在叶边缘形成微齿状；叶基部细胞成不规则的长方形，平滑无疣。

生境：腐木。

标本编号：20190922-249

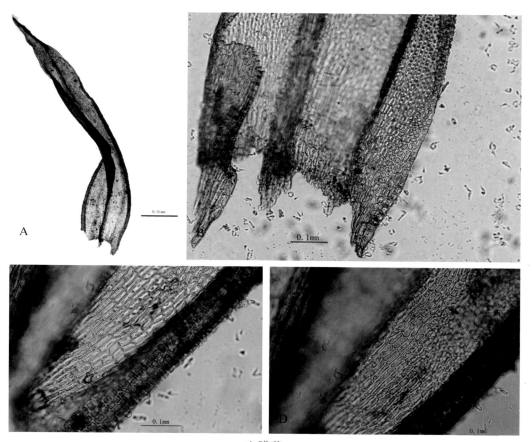

立膜藓

A：叶；B：叶基部；C—D：叶细胞

◎ 湿地藓属 *Hyophila* Brid.

植株矮小，密集丛生。茎直立，稀分枝。叶成长椭圆状舌形，先端圆钝，具小尖头，叶边全缘或先端具微齿，中肋粗壮，长达叶尖或稍突出；叶上部细胞小，成方形或多边状圆形，具细疣或平滑；基部细胞长方形，平滑透明。

花状湿地藓 *Hyophila nymaniana* (M. Fleisch.) Menzel

植株丛集，高约 1.5 cm，茎具分枝，叶密生，具腋生无性芽胞。叶片干燥时成折扇状或波状皱缩，潮湿时成长铲形或舌形，具龙骨突；叶边平展；中肋粗壮，长达叶尖且略突出成小尖头，背面具粗疣。上部叶细胞背腹两面均稍具乳头，同时具明显突出的细疣；叶基细胞长方形。无性芽胞成圆球形，由 3~4 个细胞组成。

生境：石壁。

标本编号：20190922-288、20190922-285、20190923-32B

湿地藓 *Hyophila javanica* (Nees & Blume) Brid.

植物体丛生。茎直立，不分枝。叶片干燥时内卷，成椭圆状舌形，具小尖头，叶边全缘；中肋粗壮，长达叶尖；叶中上部细胞较小，细胞壁特厚，平滑无疣；叶基部细胞较大，成长方形。

生境：土生。

标本编号：20190921-22

◎ **反纽藓属** *Timmiella* (De Not.) Limpr.

植株疏松丛生，鲜绿或暗绿色。茎长 1cm 左右。叶丛生茎顶，长披针形或舌状披针形，先端急尖，尖部边缘具微齿，中肋粗壮，下长达叶尖部稍下处消失；叶上部细胞成多角状圆形，除叶缘外均为两层细胞，腹面一层具明显的乳头状突起，叶下部细胞长方形，平滑。

反纽藓 *Timiella anomala* (Bruch & Schimp.) Limpr.

种的特征与属相同。

生境：土生、腐木和腐质。

标本编号：20190923-183、20190923-182、20190924-69A、20190923-174、20190923-196、20190923-181

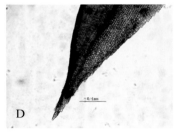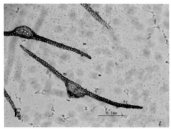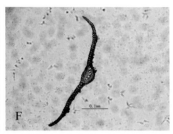

反纽藓

A：叶；B：叶下部细胞；C：叶中部细胞；D：叶尖部；E—F：叶横切

◎ **纽藓属** *Tortella* (Lindb.) Limpr. in Rab

植物体大片丛生，茎直立，具分枝。叶成狭长披针形或线形，叶边平展，全缘或先端具微齿。中肋长达叶尖或稍突出；叶上部细胞两面具密疣，基部细胞明显分化为狭长方形，透明无疣，与上部细胞分界明显。

长叶纽藓 *Tortella tortuosa* (Hedw.) Limpr.

植物体密集丛生，具分枝，茎顶部叶密集丛生。叶线形或披针形，中肋在叶尖处消失；叶上部细胞成多边形，具多个单疣。

生境：腐质。

标本编号：20190923-91D

◎ **墙藓属** *Tortula* Hedw.

植株矮小而粗壮，幼时鲜绿色，老时成红棕色。茎基部多具红棕色假根。叶潮湿时伸展，成卵形或舌形，先端圆钝，具小尖头或渐尖；叶边全缘，常背卷；中肋粗壮，红棕色，多突出叶尖成短刺状或白色长毛尖，先端及背面有时具刺状齿；叶上部细胞密被多数新月形、马蹄形或圆环状疣；基部细胞成透明长方形，平滑无疣。

长尖叶墙藓 *Tortula longimucronata* X. J. Li

植物体粗壮，叶狭长卵圆形，先端圆钝。叶基鞘状，叶边全缘；中肋细长，突出成芒刺状，先端疏生透明刺状齿。

生境：树生、石生。

标本编号：20190922-66、20190922-45、20190922-38、20190923-35

长尖叶墙藓

泛生墙藓无芒变种 *Tortula muralis* var. *aestiva* Brid. ex Hedw.

叶狭长，先端渐尖；叶缘具明显的分化边缘；中肋在叶尖处消失。

生境：腐质。

标本编号：20190924-189C

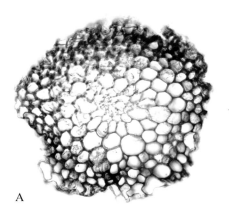

A   B

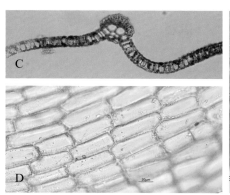

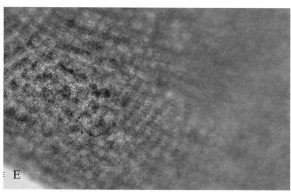

泛生墙藓无芒变种

A：茎横切；B：蒴壁细胞；C：叶横切；D：叶基部细胞；E：叶细胞疣

泛生墙藓 *Tortula muralis* Hedw.

植株黄绿带红棕色，基部密被假根。叶长卵状舌形，先端圆钝，具短尖头；叶边全缘，背卷；叶缘具明显成黄色的分化叶边；叶上部细胞成多角状圆形，背腹两面均具马蹄形密疣；下部细胞成长方形或六角形，无色透明。

生境：腐质。

标本编号：20200612-1、20200617-3

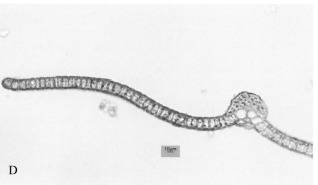

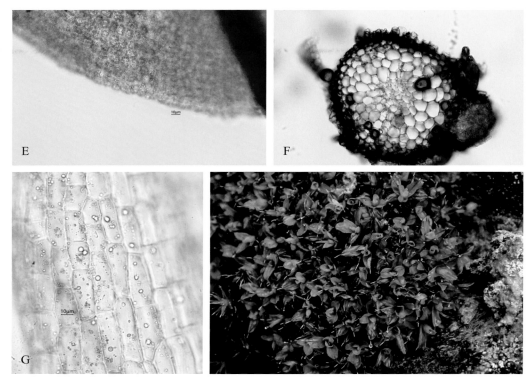

泛生墙藓

A—B：叶；C：毛尖；D：叶上部横切；E：叶细胞疣；F：茎横切；G：叶下部细胞

◎ **毛口藓属** *Trichostomum* Bruch

　　植物体细小，密集丛生，具叉状分枝。叶成线状披针形，先端急尖，略为兜状，叶缘内卷，多数成微波状；中肋突出叶尖成小尖头；叶上部细胞壁稍厚，密被数个大圆疣；叶基部细胞成不规则长方形，平滑无疣。

　　　　波边毛口藓 *Trichostomum tenuirostre* (Hook. f. & Taylor) Lindb.

　　植物体密集丛生，黄绿色。茎直立，具分枝。叶狭长线状披针形，上部叶细胞具粗疣，叶缘成微齿状。基部细胞长方形，平滑无疣。

　　生境：树基。

　　标本编号：20190922-234

◎ **小石藓属** *Weissia* Hedw.

　　植物体型小，密集丛生，鲜绿或黄绿色；茎短；叶簇生茎顶，叶成披针形或狭长披针形，平展，先端细长渐尖；中肋突出叶尖成刺状；叶上部细胞成多角形，具密疣；基部细胞分化成长方形，透明平滑。

东亚小石藓 *Weissia exserta* (Broth.) P. C. Chen

植物体密集丛生，多具分枝。叶成狭长披针形；中肋长达叶尖；叶细胞多角形，具马蹄状细疣，基部细胞成短矩形。

生境：石壁。

标本编号：20190922-273

东亚小石藓

A—B：叶；C：叶尖部；D—E：叶细胞

珠藓科 Bartramiaceae

植物体密集丛生，密被假根。茎具分化中轴及皮部，叶片成卵状披针形；先端狭长基部成鞘状；边缘不分化，上部边缘和中肋背部均具齿；中肋粗壮，到达叶尖，横切面中有多数中央主细胞及副细胞，仅有背厚壁层及背细胞。叶细胞圆方形、长方形，通常壁较厚，无壁孔，背腹均有乳头，稀平滑，基部细胞同形或阔大，透明，通常平滑，稀有分化的角细胞。

◎ **珠藓属** *Bartramia* Hedw.

植物体常密集丛生。茎直立，单一，密被假根。叶 8 列，叶片成卵状披针形或线状披针形，基部半鞘状，上部渐狭或急尖成长尖，上部边缘具齿，叶上部或边缘具 2 层细胞；中肋粗壮，背部多齿，长达叶尖消失。叶尖和中部细胞小型，壁厚，方形，背腹均有乳头，基部细胞长形，壁薄，平滑或透明。

亮叶珠藓 *Bartramia halleriana* Hedw.

植物体上部暗黄绿色，下部密被棕色绒毛状假根。茎叶端及叶鞘扭曲，潮湿时多曲折背仰。叶片基部短阔，成半鞘状，上部狭线形，先端锐尖，边缘具粗齿，半鞘状，基部边平滑，反卷；中肋突出成芒刺状，其背面具齿状刺。叶细胞略加厚，上部短方形，具疣；下部细胞长方形，叶边细胞稍短，基部成黄褐色。雌雄同株。

生境：树基、腐质。

标本编号：20190922-194、20190923-72、20200618-10

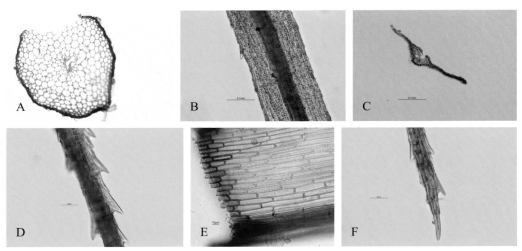

亮叶珠藓

A：茎横切；B：叶边缘齿；C：叶横切；D：叶刺；E：叶基细胞；F：叶尖部；G：叶中部细胞；H：叶

真藓科 Bryaceae

植物体细小，丛生。多土生或生于岩面薄土、树干及腐木上。茎直立，短或较长，单一或分枝，基部多具密集假根。叶多柔薄，多列（稀 3 列），下部叶多稀疏而小，顶部叶多大而密集，卵圆形、倒卵圆形、长圆形至长披针形，稀线形；边缘平滑或上部具齿，多形成由狭长细胞构成的分化边缘；中肋多强劲，长达叶中部以上或至顶，具突出的芒状小尖头；叶细胞单层，稀见边缘分化为双层或三层，叶基部细胞多长方形，比上部细胞明显较长大，中上部细胞成菱形，长六角形，狭长菱形至线形或蠕虫形。部分种常形成叶腋生或根生无性芽胞，叶腋生芽胞单一或丛集，成椭圆形至线形。

◎ **银藓属** *Anomobryum* Schimp.

植物体细长，黄绿色，多具光泽。茎多单一，具中轴。叶干燥或潮湿时均贴茎，成覆瓦状，长圆形或椭圆形，内凹，叶尖钝至圆钝；边缘直，全缘；中肋强，达叶中上部至近尖部。叶中部细胞线形至菱状六角形，薄壁，边缘细胞较狭，但不形成明显的分化边。孢子体相似于真藓属。

银藓 *Anomobryum julaceum* (Gärtn., Meyer & Scherb.) Schimp.

植物体细长，绿色，具弱光泽，枝条单一，叶卵圆形或长圆状卵圆形，内凹，急尖或略圆钝，边缘平直全缘，中肋达顶或近顶，叶中部细胞蠕虫形或线状至长菱状六角形，近边缘渐尖，上部细胞较短，下部细胞长方形。

生境：岩面薄土。

标本编号：20200614-12

银藓

A—B：芽胞

芽胞银藓 *Anomobryum gemmigerum* Broth.

不育枝叶腋具众多红褐色无性芽胞。

生境：石壁。

标本编号：20190922-270

◎ **真藓属** *Bryum* Hedw.

植物细小，下部叶小而稀疏，上部叶大而密集。叶卵形、椭圆形或披针形，急尖、渐尖或具锐尖头，稀钝尖；边缘具细齿至全缘，下部或全部背卷或背弯，常具明显的分化边缘；中肋通常强壮，贯顶、及顶或在叶尖下部消失，叶细胞多数成菱状六边形，薄壁，近边缘较狭，下部细胞较大，长六菱形至长方形。

丛生真藓 *Bryum caespiticium* Hedw.

植物体淡黄色，上部具光泽。叶椭圆状卵形至椭圆形，兜状，中部边缘略向外弯，全缘；中肋基部略带红色，顶部突出具长的芒状。叶中部细胞长六角形，薄壁，向叶边缘变狭，上部细胞近似于中部，下部细胞六角形。叶边缘分化。

生境：树生、腐质。

标本编号：20190923-161、20190924-167A

刺叶真藓 *Bryum lonchocaulon* Müll. Hal.

植物体黄绿色。叶椭圆状披针形，顶部渐尖，兜状，边缘由上至下背卷；中肋贯顶长出成芒状。叶中部细胞长菱形，略厚壁，边缘明显分化，下部细胞长方形，略大。

生境：腐质。

标本编号：20200619-4

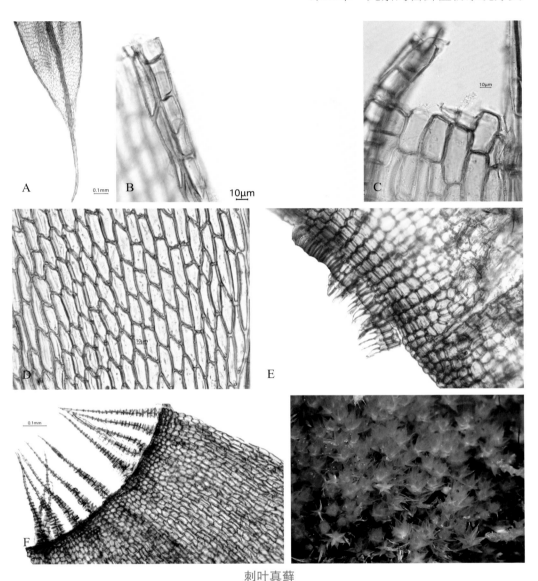

刺叶真藓

A：芒尖；B：叶边缘细胞；C：叶基部细胞；D：叶中部细胞；E：环带细胞；F：齿条

高山真藓 *Bryum alpinum* Huds. ex With.

植物体丛生，具光泽，为美丽的红色，几无假根。茎直立，高 5~10mm。茎叶卵状披针形，渐尖，明显龙骨状，边缘背卷，全缘或在近叶尖部具齿；中肋粗，贯顶短出。叶中部细胞厚壁，基部细胞长方形，向上成线状菱形，边缘渐狭，但不形成明显的分化边缘。

生境：石生、土生。

标本编号：20190923-195、20190924-232A、20200614-11

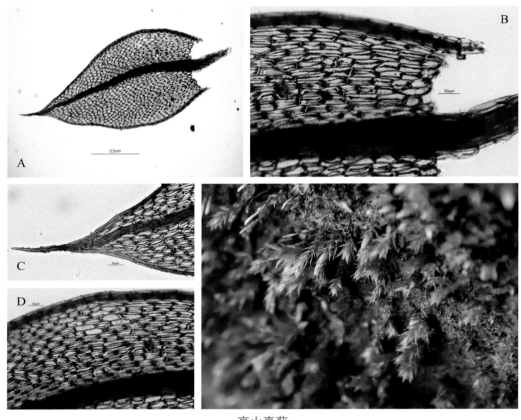

高山真藓

A：叶；B：叶基部细胞；C：叶尖部；D：叶中部细胞

灰黄真藓 *Bryum pallens* Sw.

植物体散生，植物体绿色中带红色，下部具假根。茎红色。叶小，下部稀疏排列，上部稍大而密集。茎叶卵圆形至长卵圆形，叶上部渐尖；边缘稍外弯，全缘。枝叶长椭圆状卵圆形；中肋细长，伸长至近叶尖部或贯顶。叶中部细胞疏松六角形，近叶缘稍狭；边缘成1~2列狭线形细胞构成的分化边缘，薄壁；下部细胞长方形或六角形。

生境：沼泽。

标本编号：20200619-3

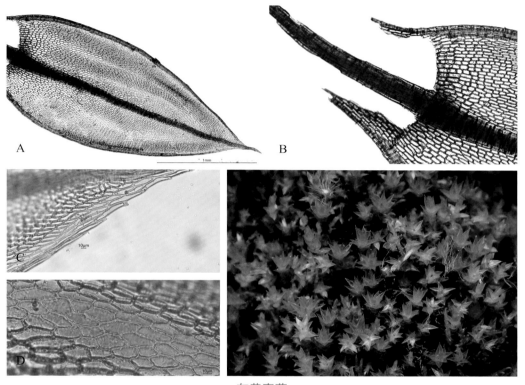

灰黄真藓

A：叶；B：叶基部；C：叶边缘细胞；D：叶中部细胞

黄色真藓 *Bryum pallescens* Schleich. ex Schwägr.

植物体紧密丛集，黄绿色。叶密集，下部叶卵状披针形，上部叶椭圆状披针形，渐尖，边缘由上至下背卷；中肋贯顶具长芒状尖，基部稍具红色。叶中部细胞长六边形，边缘细胞线形，分化不明显或较明显；下部细胞长方形至长六角形。

生境：土生。

标本编号：20190923-236

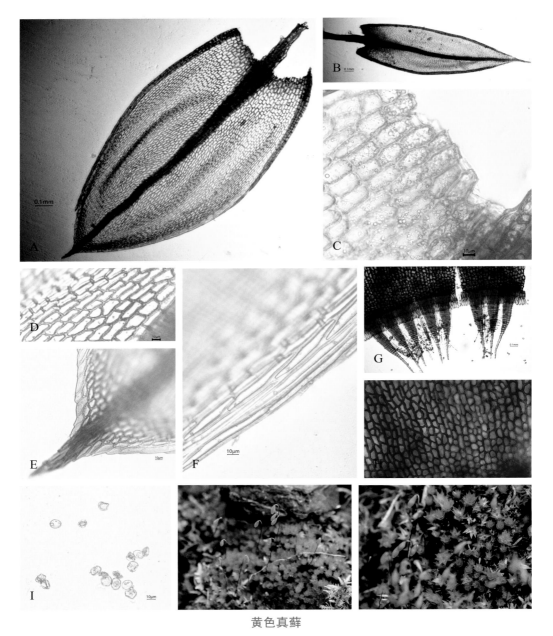

黄色真藓

A—B：叶；C：叶基部细胞；D：叶中部细胞；E：叶尖部细胞；F：叶边缘细胞；G：蒴齿；H：蒴壶外壁细胞；I：孢子

近高山真藓 *Bryum paradoxum* Schwägr.

植物体黄绿色，下部黑色。叶披针形或长圆状披针形，渐尖，具不明显的凹陷，除上部少部分外，边缘狭，外卷，上部边缘具细微齿；中肋突出具短芒状，下部及叶基部多成红褐色。叶中部细胞狭六角形，达尖部，薄壁或略显厚壁。边缘细胞微狭，不明显分化成线形，细胞薄壁；下部细胞成方形至六角形，疏松，红褐色，略厚壁。

生境：钙华。

标本编号：20190923-148

摩拉维采真藓 *Bryum moravicum* Podp.

植物体上部叶密集，成莲座状，叶成匙形，叶上部形成长毛尖；叶缘平直，上部具细齿；有 1~2 列细胞组成分化边；中肋消失在叶上部；细胞菱形至六边形，疏松排列。

生境：石生、腐质。

标本编号：20190923-204、20190924-150A

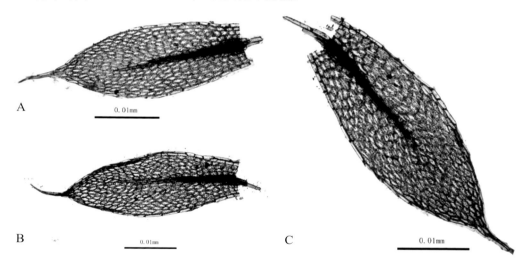

A   0.01mm

B   0.01mm

C   0.01mm

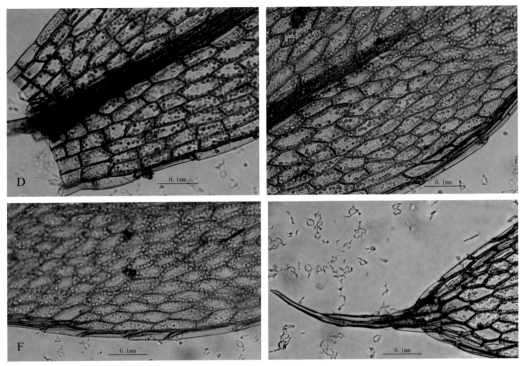

摩拉维采真藓

A—C：叶；D：叶基部细胞；E：叶中部细胞；F：叶边缘细胞；G：叶中部

宽叶真藓 *Bryum funkii* Schwägr.

植物体丛生，淡绿色。下部叶散生，具假根，上部叶稍密集，近似莲座状。茎叶卵圆状披针形，强烈内凹，叶缘平展，全缘。顶部叶长圆形，渐尖，中肋贯顶，基部微红色。叶中部细胞显疏松，近六边形。

生境：土生。

标本编号：20190923-188

卵蒴真藓 *Bryum blindii* Bruch & Schimp.

植物体细小，黄绿色。枝条成柔荑花序状。茎叶密被，卵状披针形，边缘平或略背弯，枝叶覆瓦状排列，卵状披针形，上部短尖，叶边平展，全缘；中肋极顶。叶中部细胞狭长菱形，边缘细胞狭窄，但不形成明显的分化边缘，上部细胞渐狭，成狭长菱形至蠕虫形。

生境：石生。

标本编号：20190924-249

拟三列真藓 *Bryum pseudotriquetrum* (Hedw.) Gaertn.

植物体丛生，上部深绿色，下部深褐色。茎暗红褐色，密被假根。下部叶卵圆形，上部叶长圆状披针形或卵状披针形，上至下多数外卷；中肋贯顶短出或达顶，基部红色。叶中部细胞菱状六角形，薄壁，边缘细胞在顶部分化为1~3列，叶下部4~5列，成线形，叶下部细胞长方形或伸长的六角形，具不明显厚壁细胞。

生境：湿土、钙华。

标本编号：20190924-246、20190923-140、20190924-247

双色真藓 *Bryum dichotomum* Hedw.

植物体深绿色。叶长圆状披针形，渐尖。边缘平展。上部全缘；中肋粗，上下近相等，贯顶并具长的突出。叶中部细胞长方形或菱状六角形，壁稍厚，近边缘稍狭，但不形成明显的分化边缘；基部细胞长方形。

生境：树基。

标本编号：20190922-36

双色真藓

柔叶真藓 *Bryum cellulare* Hook. in Schwägr.

植物体黄绿色至红色，茎短，圆柱状，下部叶略小而稀，上部叶稍大而密。叶卵圆形或长圆状披针形，兜状，钝尖或顶部具小急尖头。边缘平展，全缘；中肋在叶尖下部消失或达顶。叶中部细胞稀疏，菱形或伸长的六角形，达叶尖，薄壁。边缘由1~2列较宽的、不明显薄壁的线状菱形细胞构成；下部细胞长方形。

生境：石壁、土生。

标本编号：20190922-291、20190923-184、20190924-61

细叶真藓 *Bryum capillare* Hedw.

植物体叶较大，长卵状披针形，急尖；中肋稍突出；叶缘平直，上部具细齿；叶细胞六角形或菱形。

生境：石壁、树生。

标本编号：20190922-286、20190922-47A、20190923-7、20190923-3、20190923-84B、20190922-123、20190923-108A、20190923-198B、20190923-199A、20190923-139、20190923-117、20190923-181B

真藓 *Bryum argenteum* Hedw.

植物体上部成银白色，下部成淡绿色，簇生，阳光具光泽，茎短。叶宽卵圆形或近圆形，兜状，具长的细尖或短的渐尖乃至钝尖，上部无色透明，下部成淡绿色，边缘不明显分化，具1~2列狭长方形细胞，全缘；中肋达叶尖。叶中部细胞长圆形，常延伸至顶部，薄壁或两端厚壁，上部细胞较大，无色透明，多为薄壁，下部细胞六角形或长方形，薄壁或厚壁。

生境：石生、土生。

标本编号：20190923-186、20200616-21、20200614-13

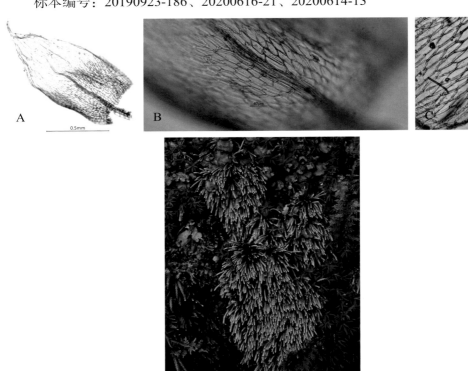

真藓

A：叶；B：叶下部；C：叶中部细胞

◎ **大叶藓属** *Rhodobryum* (Schimp.) Hampe

植物体丛生，具匍匐状地下茎，地上茎直立。叶大型，在茎顶部密集着生，成莲座状。顶部叶大型，长圆状倒卵形至长圆状匙形，尖部宽的钝圆状，具小急尖或小渐尖头；叶上部边缘平，具明显的强刺齿，下部全缘，明显背卷；中肋下部较宽，渐上变细，达顶或近尖消失。叶横切面中肋部无厚壁束状细胞或厚壁束状细胞仅局限于中后部一定范围。

狭边大叶藓 Rhodobryum ontariense (Kindb.) Paris

叶长舌形，上部稍宽于下部。叶上部边缘平展，具齿，下部背卷，边缘细胞不明显分化；中肋达顶或贯顶，横切面位于背部中段具似马蹄状或近方形的厚壁细胞束，背部仅具 1 列大的表皮细胞。

生境：腐质、土生、岩壁。

标本编号：20190922-8、20190923-54B、20190921-10、20200617-13、20190922-153、20190923-222C

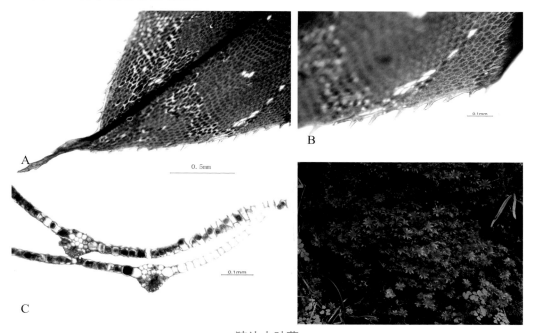

狭边大叶藓

A：叶上部；B：叶边缘细胞；C：叶横切

提灯藓科 Mniaceae

植物体疏松丛生，多生于林地、林缘或沟边土坡上，成鲜绿或暗绿色，高

2~10 cm，茎直立或匍匐，基部被假根，不孕枝多成弓形弯曲或匍匐；生殖枝直立；少数种类茎顶具丛簇、纤细的鞭状枝。叶多疏生，稀簇生于枝顶，潮湿时伸展，干燥时皱缩或螺旋状扭卷；叶片多成卵圆形、椭圆形或倒卵圆形、稀长舌形或披针形，先端渐尖、急尖或圆钝，叶缘具分化狭边或无分化狭边，叶边具单列或双列锯齿，稀全缘，叶基狭缩或下延；中肋单一，粗壮，长达叶尖或在叶尖稍下处消失，背面先端具刺状齿或平滑。叶细胞多成五至六边形、矩形或近圆形，稀成菱形，细胞壁多平滑，稀具疣或乳头状突起。

◎ **提灯藓属** *Mnium* Hedw.

　　植物体直立丛生，成淡绿色或深绿带红色，常成小片纯群落。茎直立，基部着生假根。叶片着生于茎基部的往往成鳞片状，渐向上叶渐增大，顶叶往往较长大而丛生成莲座状；叶片一般成卵圆形或卵状披针形，干燥时皱缩或卷曲，潮湿时平展，倾立；叶缘常由一列或多列厚壁而狭长的细胞构成分化边缘，边具双列或单列锯齿；中肋单一，长达叶尖或在叶尖稍下处消失；叶细胞多成五至六边形，稀成矩形或菱形，有时因角隅加厚而近于圆形。

　　　　　刺叶提灯藓 *Mnium spinosum* (Voit) Schwäegr.

　　植物体较粗壮，暗绿色带红棕色。茎直立，基部具红棕色假根。叶簇生上部成莲座状，成长卵圆形，叶具整齐的横波纹，基部稍狭，先端渐尖；叶缘具明显的分化边，3~4 列线形细胞；中上部边具长尖的双列齿；中肋粗壮，长达叶尖，背面上部具明显的刺状齿。叶细胞成斜长方状多角形，自中肋向叶缘成整齐的斜列。

　　生境：腐质、土生、石生。

　　标本编号：20190924-112A、20190923-212、20190923-26、20190923-62

　　　　　长叶提灯藓 *Mnium lycopodioiodes* Schwägr.

　　植物体较纤细，成暗绿色。茎直立，红色。叶疏生，长卵状披针形，叶基较狭，先端渐尖；叶缘具明显分化的狭边，叶边带红色，上下均具双列尖齿；中肋红色，长达叶尖，背面上部具刺状齿。叶细胞成不规则多角形，细胞壁薄，角部稍增厚；叶缘 2~3 列细胞分化成线形。

　　生境：土生。

　　标本编号：20190923-185

长叶提灯藓

具缘提灯藓 *Mnium marginatum* (With.) P.Beauv.

植物体疏丛生，暗绿色，茎直立单生，基部密被红棕色假根。叶成卵圆形，基部狭缩，稍下延，先端渐尖，顶部具长尖头，叶缘具分化的狭边，叶边中上部具双列细且钝的锯齿。中肋红色，长达叶尖，背面全部平滑。叶细胞小，成不规则圆形；叶缘 2~3 列细胞分化成线形。

生境：腐质。

标本编号：20190924-191B

平肋提灯藓 *Mnium laevinerve* Cardot

植物体纤细，暗绿带红棕色，疏松丛生。茎直立，红色，基部密被红棕色假根。叶卵圆形，渐尖，叶缘具分化的狭边，叶边上下部均具双列尖锯齿；中肋红色，达叶尖，背面平滑无刺状突起。叶细胞成不规则多角形；叶缘 2~3 列细胞分化成斜长方形或线形。蒴柄黄色，孢蒴平列。

生境：土生、石生、腐质、腐木。

标本编号：20190924-230B、20190923-45、20190923-36、20190922-105、20190922-104、20190924-92A、20190923-217A、20200615-3

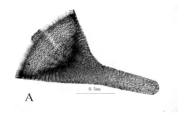
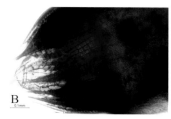
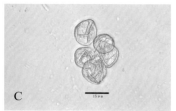

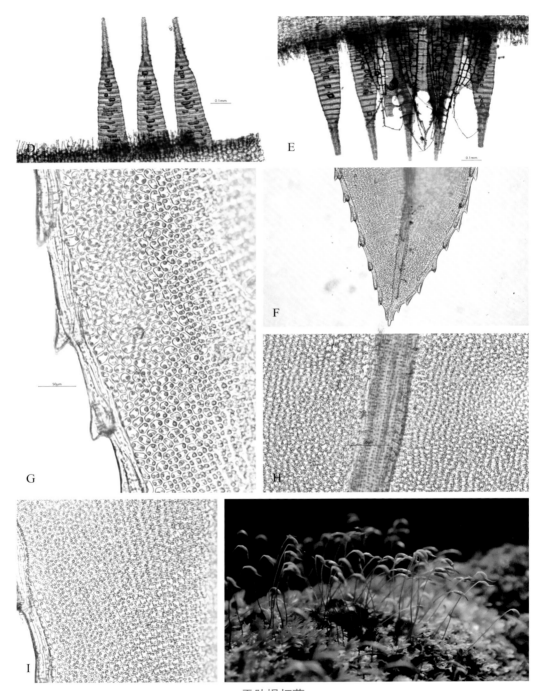

平肋提灯藓

A：蒴盖；B：蒴齿；C：孢子；D—E：齿条；F：叶尖部；G：叶边齿；H：叶中部细胞；I：叶边缘细胞

偏叶提灯藓 *Mnium thomsonii* Schimp.

植物体较粗壮，茎红色，直立，无分枝。叶密生，成卵圆形，叶基稍下延，先端渐尖，具长尖头；叶缘具明显增厚的分化边，边具双列长尖锯齿。叶细胞成多角形；叶缘 3~4 列细胞分化成线形。雌雄异株。

生境：石生、腐质、土生。

标本编号：20190922-93、20200614-8、20190923-216B

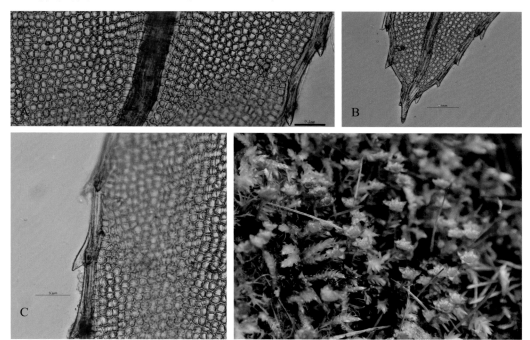

偏叶提灯藓

A：叶中部细胞；B：叶尖部；C：叶边齿

硬叶提灯藓 *Mnium stellare* Hedw.

植物体成暗绿色，疏松丛生。茎直立。叶疏生，成椭圆形，叶基狭缩；叶缘无分化叶边，叶边上部疏生单列钝齿；中肋平滑，到达叶尖下部消失。叶细胞成不规则的多角形至圆形；叶缘细胞无明显分化。

生境：腐质。

标本编号：20190925-167

异叶提灯藓 *Mnium heterophyllum* (Hook.) Schwägr.

植物体纤细，疏松丛生，多亮绿。茎红色，直立单一，稀具分枝。叶异型，茎下部的叶成卵圆形，先端渐尖，叶边全缘，分化边不明显；茎中上部的叶成长卵圆状披针形，长 3~4 mm，宽 0.5~0.9 mm，先端渐尖，叶基稍下延，叶边稍有分化，具双列尖锯齿；中肋红色，长达叶尖稍下部消失。叶细胞成不规则多角形，胞壁角部有时稍加厚，叶缘 2~3 列细胞稍分化成斜长方状线形。

生境：石生、腐质。

标本编号：20190924-192B、20190924-64C、20190923-14A

◎ **匍灯藓属** *Plagiomnium* T. J. Kop.

植物体较粗大，嫩时淡绿色，老时成墨绿色。茎平展，随处生假根；鞭状枝端常下垂，可着土产生假根，生殖枝直立，基叶较小成鳞片状，顶叶较大而往往丛集成莲座形；鞭状枝中部的叶较大，渐向上或向下均较小。叶成卵圆形、倒卵圆形、长椭圆形或带状舌形，叶基较狭而下延，先端渐尖或圆钝。叶缘多具分化边，叶边具齿或全缘，中肋单一，长达叶尖，或在叶尖稍下部即消失。叶细胞短轴形，多成五至六边形，叶缘具 1~4 列狭长线形细胞。

粗齿匍灯藓 *Plagiomnium drummondii* (Bruch & Schimp.) T. J. Kop.

植物体鲜绿色，基部密被假根。生殖枝直立，单生；不孕枝匍匐或弓形弯曲。叶疏生，成矩圆形或椭圆形，基部具长的下延，先端急尖，顶部具长尖头；叶缘具分化的狭边，边缘中上部具长尖锯齿，齿由 1~2 个细胞构成；中肋基部粗壮，向上渐细，至叶尖稍下处即消失。叶细胞成多角状椭圆形，排列不整齐；叶缘 2~3 列细胞分化成狭长方形。

生境：石生。

标本编号：20190924-135B、20190924-140D

侧枝匍灯藓 *Plagiomnium maximoviczii* (Lindb.) T. J. Kop.

植物体主茎横卧，密被棕色假根；次生茎直立，基部密生假根，先端簇生叶，成莲座状。茎叶成长卵状或长椭圆状舌形，长 5~8 mm，宽 1.6~2.5 mm，叶片上具数条横波纹，叶基部狭缩，稍下延，先端急尖或圆钝，具小尖头；叶缘具明显的分化边，边密被细锯齿；中肋粗壮，长达叶尖。叶细胞成多角状不规则圆形，胞壁角部稍加厚；叶基部细胞成长矩形；叶缘中下部 2~4 列细胞成狭长方形，先端边缘细胞分化不明显；中肋两侧各具 1 列特大的整齐细胞，成四边形。

生境：腐质、土生。

标本编号：20190922-61、20190922-16、20190922-15、20190923-9、20190924-80A

多蒴匐灯藓 *Plagiomnium medium* (Bruch & Schimp.) T. J. Kop.

植物体主茎匍匐，密被黄棕色假根；生殖枝直立，下段密被假根，上段密生叶。叶片成阔椭圆形，叶基狭缩，稍下延，先端急尖，顶部具稍扭曲的长尖头；叶缘具由 3~4 列线形细胞构成有分化边，叶边上下均具锐齿；中肋粗壮，长达叶尖。叶细胞成多角状圆形或椭圆形，胞壁角部明显加厚。

生境：树生、腐质。

标本编号：20190923-156、20190922-108

钝叶匐灯藓 *Plagiomnium rostratum* (Schrad.) T. J. Kop.

植物体纤细，主茎横卧，密被假根；生殖枝直立，基部着生假根，先端集生叶。叶面具数条横波纹，成卵圆形，叶基狭缩，不下延，先端圆钝，具小尖头；叶缘具由 3~5 列狭长细胞构成明显分化的狭边，叶中上部具单列细胞构成的钝齿；中肋粗壮，长达叶尖；叶细胞成多角状近圆形，胞壁角部稍加厚。

生境：石生。

标本编号：20200617-21

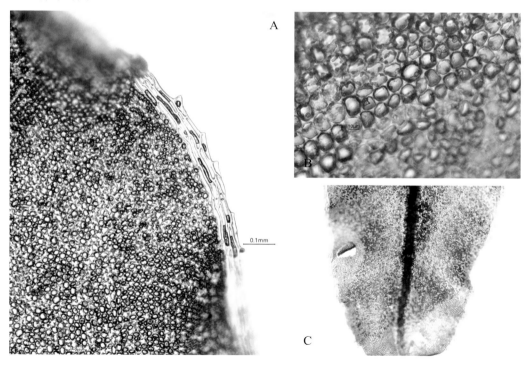

钝叶匍灯藓

A：叶下部边缘；B：叶中部细胞；C：叶上部；D：叶下部；E：叶中部；F：叶

具喙匍灯藓 *Plagiomnium rhynchophorum* (Hook.) T. J. Kop.

叶先端圆钝，具小尖头。

生境：腐质。

标本编号：20200619-10

具喙匍灯藓

A：叶尖部；B：叶下部；C：叶中部；D：叶边缘齿

全缘匐灯藓 *Plagiomnium integrum* (Bosch & Sande Lac.) T. J. Kop.

植物体主茎密被黄棕色假根，叶疏生；叶阔卵圆形，先端具小尖头；基部狭窄；叶缘分化，全缘；中肋粗壮，到达叶尖。叶细胞成六角形。

生境：腐质、腐木、石壁。

标本编号：20190922-283、20190922-199、20190922-208B、20190922-132、20190922-205B

瘤柄匐灯藓 *Plagiomnium venustum* (Mitt.) T. J. Kop.

植物体主茎匍匐，密被假根。叶成狭长倒卵状矩圆形，或狭椭圆形，叶基稍狭，下延，先端急尖，具小尖头。叶缘具明显分化的狭边，边先端具由 1~2 个细胞构成的长尖锯齿；中肋粗壮、平滑，长达叶尖。叶细胞分化成斜长方形线形。蒴柄黄色，孢蒴下垂。

生境：石生、树干、腐质。

标本编号：20190924-94、20190922-54、20190923-13、20190922-124B、20200612-13、20200615-8

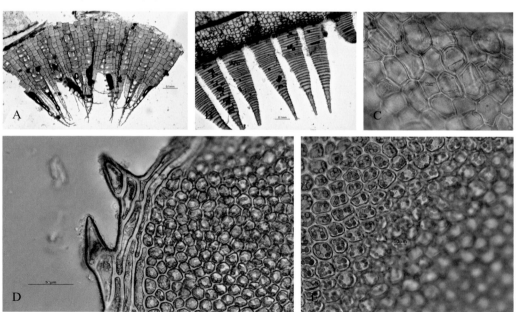

瘤柄匐灯藓

A—B：蒴齿；C：蒴壶外壁细胞；D：叶边齿；E：叶中部细胞；F：叶

日本匐灯藓 *Plagiomnium japonicum* (Lindb.) T. J. Kop.

植物体成暗绿色，阳光下具光泽。基匍匐，密被红棕色假根，生殖枝直立，下段被红棕色假根，上段生叶；叶成卵圆形，叶基部狭缩，稍下延，先端急尖，顶端具略弯斜的长尖头：叶缘具分化的狭边，边缘中上部具长尖锯齿，由两个细胞构成；中肋粗壮，在叶尖稍下处消失。叶细胞成不规则的五角形或六角形；叶缘中下部的3~5列细胞分化成斜长方形，上部边缘仅1~2列细胞稍有分化，不明显。

生境：腐质。

标本编号：20190922-132、20190922-205B

日本匐灯藓

皱叶匐灯藓 *Plagiomnium arbusculum* (Müll. Hal.) T. J. Kop.

植物体主茎匍匐，密被褐色假根；次生茎直立，下段疏生假根，上段密被叶，生殖枝叶丛集成莲座状，不孕茎单生。叶成狭长卵圆形，或带状舌形，茎叶较长，叶片具明显的横波纹，基部狭缩，角部稍下延，先端急尖或渐尖，叶缘具明显的分化边，叶边几全部具密而尖的锯齿，齿由 1~2 个细胞构成；中肋粗壮，长达叶尖。叶细胞成多角状不规则圆形，细胞壁角部均加厚；叶缘 2~3 列细胞分化成线形。

生境：腐质、石生、土上、腐木、树枝。

标本编号：20190924-11B、20190924-22、20190923-203、20190922-19、20190924-196B、20190924-76、20190924-139、20190922-138、20200618-7

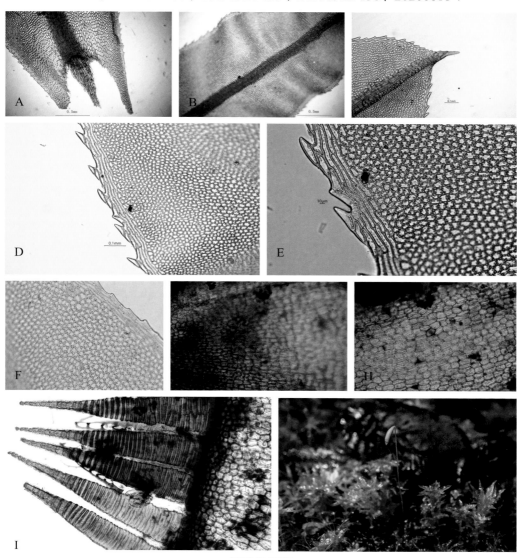

皱叶匍灯藓

A：叶基部；B：叶横波纹；C：叶尖部；D：叶边齿；E：叶边齿；F：叶上部细胞；G：孢蒴下部细胞；H：蒴壁细胞；I：蒴齿

◎ **丝瓜藓属** *Pohlia* Hedw.

植物体直立，茎短。下部叶小而稀，上部叶多较大，在顶部密集，急尖至渐尖，边缘平展至背卷，上部具细齿；中肋粗壮，伸长至叶尖稍下部或达顶部，背部明显突出。叶中部细胞狭线状菱形至线形，薄壁，近叶基部短而宽，近叶缘细胞变狭，但不形成分化边。

卵蒴丝瓜藓 *Pohlia proligera* (Kindb.) Lindb. ex Arnell

植物体丛集，直立，黄绿色，茎单一。叶长披针形，急尖，基部稍狭，渐上变小；叶缘平展，先端具细圆齿；中肋达叶近尖部。叶细胞线形，薄壁，上部细胞略短，基部细胞与上部细胞近同。无性芽胞多见于新生枝中上部，少或多数，常丛集生于枝上部叶腋，线形或蠕虫形，具1~3个叶原基。

生境：土生。

标本编号：20190923-192、20190923-180

丝瓜藓 *Pohlia elongata* Hedw.

植物体丛生，绿色或黄绿色。茎直立，常在基部生有新生枝条，基部具假根。下部叶披针形，上部叶线状披针形至线形。叶片上部具细齿；中肋粗壮，至叶尖部。叶中部细胞近线形，薄壁至稍厚壁；基部细胞长方形。

生境：腐木桩。

标本编号：20200618-1

◎ **毛灯藓属** *Rhizomium* (Mitt. ex Broth.)T. J. Kop.

植物体密集丛生；茎直立，红色或红棕色，多不具分枝，全株均密被棕褐色假根，茎下部由绒毛状假根包被。叶片成阔卵圆形和倒卵形，先端圆钝，基部狭缩；叶边全缘，具明显或不明显的分化边；中肋粗壮，长达叶尖或在叶片中上部即消失。叶细胞多成规则的五角形或六角形，胞壁均匀增厚，或角隅处加厚，多具明显的壁孔；叶缘一至数列细胞分化成方形或不规则的狭长菱形。

扇叶毛灯藓 *Rhizomnium hattorii* T. J. Kop.

植物体密集丛生，茎直立，红棕色，基部密被假根。叶片成阔椭圆形或阔倒卵圆形，平展，叶先端圆钝，叶基部狭缩不下延；叶边全缘，具宽的分化边，叶缘具3列狭菱形，中肋基部宽，向上渐狭，长达叶中上部即消失。叶细胞排列整齐，成规则的六角形，细胞壁薄。

生境：腐质。

标本编号：20200619-2

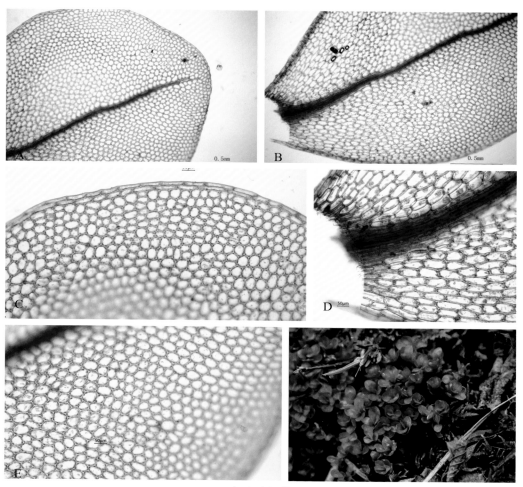

扇叶毛灯藓

A：叶上部；B：叶下部；C：叶边缘细胞；D：叶基部细胞；E：叶中部细胞

◎ **疣灯藓属** *Trachycystis* Lindb.

植物体纤细，暗绿色，多数丛生。茎直立，茎顶部往往丛生多数细枝或鞭状枝；叶片成卵状披针形或长椭圆形，先端渐尖；叶边明显或不明显分化，往往具多数刺状齿；中肋粗壮，长达叶尖，背面具单齿或双齿，先端往往具多数刺状齿。叶细胞成圆形、方形或多角形，胞壁上下两面均具疣或乳头突起或平滑；叶缘细胞同型或稍狭长。

树形疣灯藓 *Trachycystis ussuriensis* (Maack & Regel) T. J. Kop.

植物体密集丛生，暗绿至黄绿色。叶密生，成长卵圆形或阔卵圆形，叶基宽阔，先端渐尖；叶缘无明显的分化边，叶边中上部具单列尖锯齿；中肋粗壮，长达叶尖部，背面疏被刺状齿。叶细胞成多角状圆形，叶缘细胞无明显分化。

生境：石生。

标本编号：20190924-60A

疣灯藓 *Trachycystis microphylla* (Dozy & Molk.) Lindb.

植物体纤细，茎顶丛簇多数细枝，干燥时往往向一侧弯曲。枝及茎上部的叶均成长卵圆状披针形，先端渐尖，叶基宽大；叶缘分化边不明显，叶边细胞单层，上部具单列细齿；中肋长达叶尖，先端背面具数枚刺状齿。叶细胞成多角状圆形，胞壁薄，两面均具大而短的单疣或乳头状突起，叶缘细胞几同形或成短矩形，平滑无疣。

生境：腐木。

标本编号：20190924-92B

木灵藓科 Orthotrichaceae

植物多为树生藓类。茎无中轴，皮部细胞厚壁，表皮细胞较小：直立或匍匐延伸，有短或较长、单一或分歧的枝，密被假根。叶多列，密集，干燥时紧贴茎上，卷缩成螺旋形扭曲，潮湿时倾立或背仰：叶片通常成卵状长披针形或阔披针形，稀舌形；叶边多全缘；中肋达叶尖或稍突出。叶细胞小，上部细胞圆形，四边形或六边形；基部细胞多数成长方形或狭长形。

◎ **蓑藓属** *Macromitrium* Brid.

植物体平展，通常暗绿色或棕褐色，多为大片生长的树生或石生藓类。茎匍匐蔓生，随处有棕红色假根，具多数直立或蔓生、长或短的分枝；枝单一或簇生。叶直立或背仰，干燥时紧贴茎上或卷曲皱缩，或一侧卷扭，基部微凹或有纵褶，披针形、卵披针形或长舌形，钝端或渐尖，或有长尖；中肋粗，在叶尖处消失或稍突出。叶上部细胞圆方形或圆六边形，平滑或具疣：基部细胞长方形，常厚壁，胞腔较狭，平滑或细胞侧壁有疣，中肋附近细胞常为薄壁，疏松而无色透明，构成不同细胞群，有时基部细胞圆形，稀叶细胞均成狭长形。

缺齿蓑藓 *Macromitrium gymnostomum* Sull. & Lesq.

植物体密集丛生，黑褐色或红褐色，幼枝成黄色。茎长，叶片疏松着生，密被棕色假根；枝条直立，单一。其上有几个短的小枝条，顶部圆钝。茎叶基部成椭圆形，向上逐渐成线状披针形。中肋黄棕色，达叶尖部。时片中部细胞透明，长方形，厚壁，平滑：上部细胞略不透明，圆形，具不明显的疣：枝叶干燥时卷曲，潮湿时线形，线状披针形或卵状披针形，下半部黄色或透明，上半部不透明；叶片中部略外卷；中肋黄褐色或黄色。叶片中部和上部细胞不透明，圆形或圆状六边形，细胞壁厚，其上有 3~4 个疣；基部细胞线形，不均匀加厚，平滑。

生境：岩面。

标本编号：20190921-15

◎ **木灵藓属** *Orthotrichum* Hedw.

植物体密集丛生，黑褐色，幼枝成黄色。茎长，叶片疏松着生，密被棕色假根；分枝为短的小枝条，顶部圆钝。茎叶基部成椭圆形，向上逐渐成线状披针形、弓形、龙骨状，长可达 12 mm；中肋达叶尖部。叶片中部细胞透明，长方形，厚壁，平滑；上部细胞略不透明，圆形，具不明显的疣；枝叶干燥时卷曲，潮湿时线形，线状披针形或卵状披针形，细胞壁厚，具 3~4 个疣；基部细胞线形，不均匀加厚，平滑。

球蒴木灵藓 *Orthotrichum leiolecythis* Müll Hal.

植物体丛生，主茎匍匐，下部多数成暗黑色，上部黄褐色；茎基部不分枝，不规则分枝，假根仅生于基部。叶干燥时直立并且紧贴，有少数茎顶部的叶具扭曲的尖部，叶卵状披针形，锐尖或短尖；中肋达叶尖下部；叶边全缘，外卷。上部细胞圆方形至长形，厚壁，1~2 个单疣；叶边细胞短；基部叶细胞长方形至菱形，薄壁，平滑或稍具壁孔；角部细胞有时分化为小的方形，黄褐色，有时下延成一个大型的细胞群。中肋处细胞不分化。孢蒴卵圆形至卵圆状圆柱形，平滑或干燥时稍具纵脊；以前的孢蒴宿存，孢蒴壁细胞不分化。外蒴齿 8 对，内齿层 8，发育良好，线状披针形，具不规则的边缘，透明，具非常薄而平滑的外层；内层厚，具疣的纹饰，蠕虫状的中线。蒴帽圆锥形，平滑。

生境：树干。

标本编号：20200612-6

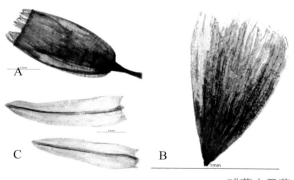
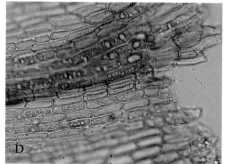

球蒴木灵藓

A：孢蒴；B：蒴帽；C：叶；D：叶基细胞

101

皱蒴藓科 Aulacomniaceae

本科藓类为密集丛生的湿生或沼泽类植物，深绿色带褐色，无光泽。茎直立，具小型细胞构成的分化中轴，密被褐色假根。叶多列，长卵圆形或披针形，背凸龙骨状，无分化边缘，叶边全缘或具齿；单中肋。叶细胞小，多角形，角部加厚，多具疣。雌雄异株。生殖苞顶生，苞叶分化。孢子体单生，蒴柄细长，孢蒴台部短，干燥时皱缩；环带常存在；蒴齿双层，发育完善；蒴盖平凸形或短锥形。蒴帽长兜形。本科有 2 属，分布于世界温寒带地区。

◎ **皱蒴藓属** *Aulacomnium* Schwägr.

该属藓类均为高寒沼泽生植物、密集丛生，通常为黄绿色。茎直立，密被褐色假根。叶密生多列，长卵圆形或披针形，背凸龙骨状，叶边全缘或具内；单中肋，达叶尖下部消失，叶细胞多角形，角部加厚。多具疣，雌雄异株。生殖苞顶生，苞叶分化。孢子体单生，蒴柄细长，孢蒴台部短，干燥时皱缩；环带常存；蒴齿 2 层，发育完善；蒴盖平凸形或短锥形。蒴帽长兜形。

大皱蒴藓 *Aulacomnium turgidum* (Wahlenb.) Schwägr.

物体密集丛生，柔软，黄绿色。茎直立，具分枝，叶覆瓦状排列，长椭圆形，强烈内凹，先端钝，成兜形，叶缘平滑；中肋直或上部弯曲，长达叶尖稍下部消失。雌雄异株。蒴柄直立，孢蒴倾立，长卵形，稍弯曲，干燥时具纵褶。蒴齿 2 层；外齿层齿片披针形，黄色，具密疣；内齿层基膜高，透明，齿条龙骨状，有穿孔或裂缝，齿毛纤细，2~3 条，具横节。蒴盖圆锥形，具短喙状尖。孢子球形，黄色，平滑。

生境：沼泽、腐木。

标本编号：20200619-7、20190924-91B

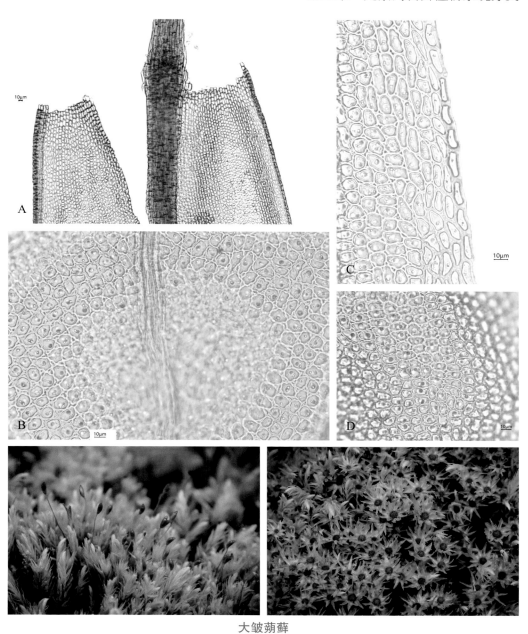

大皱蒴藓

A：叶基部细胞；B：叶上部细胞；C—D：叶中部细胞

异枝皱蒴藓 *Aulacomnium heterostichum* (Hedw.) Bruch & Schimp.

植物体黄绿色，叶密生，内凹，先端圆钝，基部不下延，叶缘平展，上部具粗齿；中肋粗壮，到达叶尖部消失。叶上部细胞形状不规则，稍厚壁，具疣。

生境：腐木。

标本编号：20190924-91B

桧藓科 Rhizogoniacese

植物丛集群生，基部密生假根，外形与针叶幼苗相似，为湿沙地生藓类。茎具分化中轴。叶密集，直立或倾立，基部叶小，中上部变长大，披针形或线形；边缘分化，具单列或双列齿；中肋粗壮，达叶尖终止，背部常具齿，横切面中有主细胞和副细胞及 1~2 层厚壁层；叶细胞小，不规则圆形或六边形，排列疏松，基部长方形或长六边形，平滑或具乳突。

◎ **桧藓属** *Pyrrhobryum* Mitt.

植物体粗壮挺硬，绿色，有时带红色，密集丛生的山地砂土藓类。基直立或弯曲蔓延，羽毛尾状形似小型柏树科植物的幼苗，单生或多株丛生。叶片细长披针形；边缘多加厚，边缘分化 2~4 层细胞，具单或双列齿；中肋粗壮，达叶尖终止，背部具锐齿；叶细胞成六边形，厚壁。

刺叶桧藓 *Pyrrhobryum spiniforme* (Hedw.) Mitt.

植株挺硬，黄绿色，下部带褐色，基部密生红褐色假根。茎直立，高 4~6 cm，叶羽毛状疏生。叶细长，线状披针形或线形，先端渐尖，叶缘厚 2~4 层细胞，具双列锯齿；中肋粗壮、长达叶尖，背面具刺状齿。叶细胞全部同形，厚壁，成圆方形或多边形。雌雄异株。

生境：腐质。

标本编号：20190924-150B

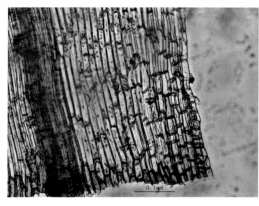

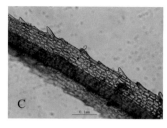

刺叶桧藓

A：叶基部；B：叶中部；C—D：叶尖部；E：叶边齿

棉藓科 Plagiotheciaceae

植物体纤细或粗壮，多数具光泽，松散或密集交织成片。茎具鞭状枝；分枝多数扁平，无鳞毛。茎叶和枝叶相似，椭圆形或宽卵形，先端渐尖，有时内凹，背面和腹面叶多数对称，通常直立或紧贴；侧面叶通常较大，不对称，基部内折，中肋2，分叉，不等长，少数缺失。叶细胞椭圆形、菱形或长菱形，平滑。角部细胞稍短而阔，明显分化，有时明显下延，由1~8列长方形或方形细胞组成。

◎ **棉藓属** *Plagiothecium* Bruch & Schimp.

植物体纤细或中等大小，疏松或密集丛生，一般扁平，绿色或黄绿色，具光泽。茎匍匐或群集上倾，不规则分枝。茎和分枝上无鳞毛，横切面皮层细胞大。茎和枝叶倾立，无纵褶，间有波纹，多数明显扁平，通常不对称，椭圆形至卵圆形，或卵圆形至披针形，急尖或渐尖，基部下延；叶缘通常外卷，有时延伸至近叶尖部，全缘；中肋2条，分叉，不等长，有时十分短或缺失；叶细胞平滑，狭长菱形或长菱形，薄壁。基部细胞短而宽，基部边缘具少数几行疏松长方形细胞。角细胞排列疏松，薄壁透明，角部常狭长下延。

扁平棉藓 *Plagiothecium neckeroideum* Bruch & Schimp.

植物体茎横切面椭圆形，无中轴，中间细胞透明、薄壁。腹面与背面叶明显不对称；叶的上半部具弱的横波纹；叶缘平直，全缘，先端具明显的齿，基部明显下延，透明，薄壁；中肋2条；叶细胞狭窄线形，薄壁。基部细胞较宽。叶尖端通常具丝状的繁殖体或假根。

生境：腐木。

标本编号：20190924-82C

长喙棉藓 *Plagiothecium succulentum* (Wilson) Lindb.

植物体粗壮，有光泽。叶对称，有纵褶，内凹；叶下部卵圆形，向上渐成细尖。叶中部细胞长菱形，基部细胞较短和宽；叶角由狭长方形细胞组成。

生境：石壁。

标本编号：20190922-195

棉藓原变种 *Plagiothecium denticulatum* var. *denticulatum*

植物体黄绿色或绿色，具光泽。茎背腹扁平，密披叶；茎的横切面椭圆形，中轴不明显，外层细胞壁薄。叶平展，略内凹，多数叶明显两侧不对称，向上渐尖成短尖；叶缘尖部有微小齿，下部全缘，基部宽，下延，由长方形细胞和多数圆形、膨胀细胞组成；中肋细，分叉，到达叶中下部；中部细胞线形至狭长菱形，蒴柄红褐色，长 12~22 mm。孢蒴倾立至平列，弯曲，干燥时部分具褶，连蒴盖约长 2 mm。环带完全分化。气孔在朔壶的基部。蒴盖圆锥形，具短喙。孢子直径 10~13 μm，具细疣或近于平滑。

生境：腐质。

标本编号：20200620-14

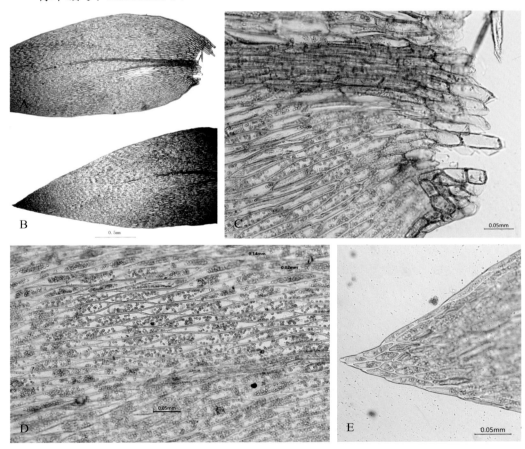

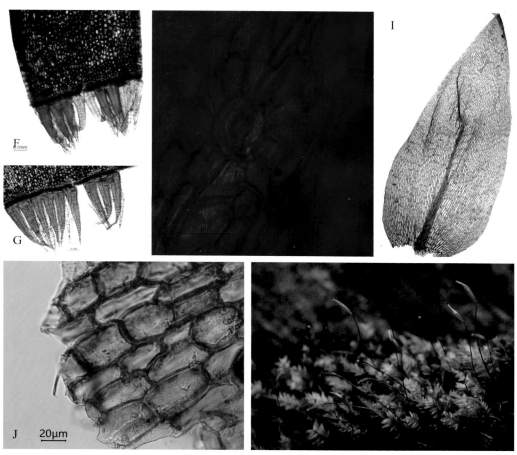

棉藓原变种

A：叶下部；B：叶上部；C：叶基部细胞；D：叶中部细胞；E：叶尖部细胞；F—G：蒴齿；H：孢蒴气孔；I：叶；J：蒴壶外壁细胞

台湾棉藓 *Plagiothecium formosicum* Broth. & Yasuda

植物体柔软，稍具光泽。茎横切具分化中轴，皮层细胞薄壁。叶柔软，具褶；下部卵圆形，向上渐成短尖；不对称；叶尖常具假根或生殖芽。

生境：树基。

标本编号：20190922-196B

小叶棉藓 *Plagiothecium latebricola* Schimp.

植物体小，鲜绿色，具光泽。横切面没有中轴；叶边全缘，平展；叉状中肋短弱。在叶尖具小的、绿色繁殖体。

生境：腐木。

标本编号：20190922-201B

直叶棉藓 *Plagiothecium euryphyllum* (Cardot & Thér.) Z. Iwats.

植物体近叶尖具横波纹；基部细胞下延，由薄壁、透明长方形细胞组成；中肋2条，分叉，粗壮，可到达叶中上部；叶中部细胞线形。

生境：腐质。

标本编号：20200620-18

万年藓科 Climaciaceae

植物体型大，硬挺，黄绿色或褐绿色，成稀疏大片状生长，多条分枝从茎顶伸出，主茎粗壮，密被红棕色假根。主茎和支茎下部叶成鳞片状，紧贴生长，支茎上部叶和枝叶椭圆状卵形至近于成心脏形，叶基部两侧成耳状，先端宽钝或锐尖，具多数纵槽；叶边上部具不规则粗齿；中肋单一，粗壮，消失于叶尖下，背面上部有时具粗刺。叶细胞成狭长菱形至线形，胞壁等厚，平滑，基部细胞较大而具壁孔，两侧角部细胞长方形，或形大，透明，薄壁，为多层细胞。

◎ 万年藓属 *Climacium* F. Weber & D. Mohr

植物体粗壮，暗绿色或黄绿色，植物体干燥时具光泽，疏松小片状丛集或成稀疏大片状生长。支茎直立，上部成树形分枝。茎叶心状卵形，略内凹，基部宽阔，先端圆钝，具小尖；叶边全缘；中肋单一，消失于叶上部。枝叶阔卵状披针形，基部宽阔，两侧成耳状，略下延，先端阔披针形：叶边上部具粗齿；中肋长达叶的2/3处消失，背面上部平滑具粗锐刺。叶细胞长菱形或线形，胞壁薄；基部细胞长大，胞壁厚而具明显壁孔；角部细胞方形或长方形。

东亚万年藓 *Climacium japonicum* Lindb.

植物体粗大，黄绿色，略具光泽。主茎匍匐，密被红棕色假根；横切面近于圆形，具钝角，中轴分化，皮部有 3~4 层厚壁小细胞及中轴间为薄壁大细胞；分枝上部常趋细而成尾尖状。茎叶阔卵形，先端圆钝；叶边平展；中肋细长，消失于近叶先端。枝叶阔卵状披针形，基部两侧成耳状，渐上具宽尖或成阔披针形，具多数长纵褶；叶边上部具粗齿，下部波曲；中肋尖端背面常具少数刺。茎叶中部细胞近于成线形。枝叶尖部细胞长菱形，厚壁；中部细胞近于成狭长方形。

生境：腐质、腐木、土生。

标本编号：20190922-133、20190922-260、20190921-9、20190923-55、20190923-94、20190921-2B、20200612-19、20190922-7

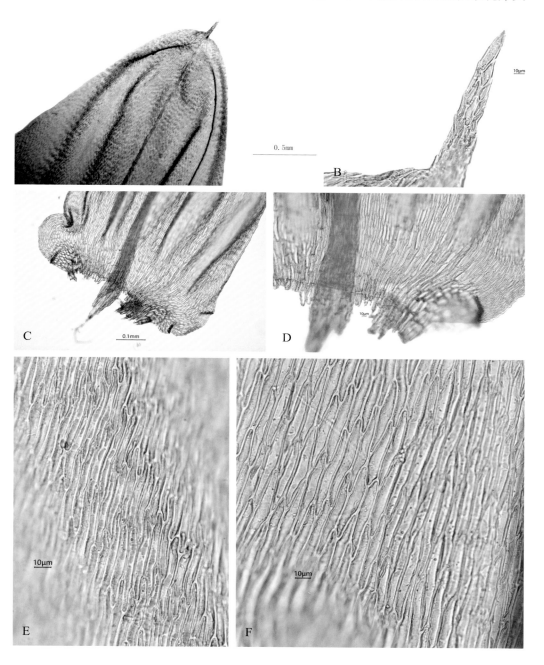

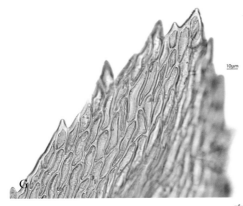

东亚万年藓

　　A：茎叶尖部；B：茎叶尖部细胞；C：枝叶叶耳；D：枝叶基部；E：茎叶中部细胞；F：枝叶中部细胞；G：枝叶尖部细胞

柳叶藓科 Amblystegiaceae

　　喜水生。植物体纤细或较粗壮，疏松或密集丛生，略具光泽。茎倾立或直立，稀匍匐横生，不规则分枝或不规则羽状分枝。茎横切面圆形或椭圆形，皮层细胞常为厚壁小细胞，有时皮层细胞膨大透明。叶片在茎上多行排列，平直或粗糙。茎叶平直或镰刀形弯曲，基部阔椭圆形或卵形，少数种类略下延，上部披针形、圆钝、急尖或渐尖；叶缘一般全缘，中肋通常单一或分叉；叶中部细胞成阔长方形、六边形、菱形或狭长虫形，多平滑，少数具疣或前角突；叶片基部细胞较短而宽，细胞壁常加厚或具孔。

◎ **拟细湿藓属** *Campyliadelphus* (Kindb.) R. S. Chopra.

　　植物体体型偏小，带黄色，干燥时有光泽。茎横切具 2~3 层皮层小细胞，厚壁，中轴分化；假根分布在叶片基部。单中肋，到达叶上部；叶边全缘；叶细胞线形；基部细胞长方形，具壁孔；角细胞多而小。

仰叶拟细湿藓 *Campyliadelphus stellatus* (Hedw.) Kanda

　　植物体垫状丛生，带黄色，具光泽。茎叶背仰，向上渐成细长尖，叶尖扭曲，叶边全缘；叶中部细胞厚壁具壁孔；角细胞明显分化为正方形。

　　生境：树生。

　　标本编号：20190922-171

◎ **牛角藓属** *Cratoneuron* (Sull.) Spruce

　　植物体丛生，暗绿色至黄绿色，无光泽。茎羽状分枝；常密布褐色假根。茎叶疏生，直立，宽卵形或卵状披针形，上部常急尖；多数叶缘带粗齿，中肋粗壮，达叶尖部终止或突出叶尖，叶细胞薄壁，长圆六边形，长为宽的 2~4 倍；叶角部细胞分化明显，强烈凸出，无色或带黄色，薄壁或厚壁，达于中肋。枝叶与茎叶同形，较短窄。

牛角藓宽肋变种 *Cratoneuron filicinum* var. *atrovirens* (Brid.) Ochyra

植物体粗壮，密丛生，黄绿色至暗绿色，干燥时植物体挺硬。茎直立，近于羽状分枝，茎横切面圆形或椭圆形，中轴明显，皮层细胞小，厚壁，3~5 层。茎叶直立或向弯曲着生，长 2~3 mm，从下延卵形的基部渐上成长披针形，渐尖；叶缘平展，有时具细齿，中肋黄色，粗壮，到达叶尖并突出成刺状。叶细胞短长方形或长菱形，长 20~30 μm，宽 6~8 μm；角部细胞膨大，突出成叶耳状，长菱形或狭长形，壁厚。

生境：流水钙华。

标本编号：2019023-127

牛角藓宽肋变种

湿原藓科 Calliergonaceae

植物体粗壮，具光泽，分枝稀疏，幼枝直；茎具中轴分化。茎叶长卵形，内凹，中肋单一，长达叶尖；叶中部细胞线形，角部细胞大而透明。

◎ **湿原藓属** *Calliergon* (Sull.) Kindb.

属的特征与科相同。

湿原藓 *Calliergon cordifolium* (Hedw.) Kindb.

分枝稀疏不规则，叶角细胞分化达中肋。

生境：腐质。

标本编号：20190922-209B

薄罗藓科 Leskeaceae

物体多数纤细，无光泽或略具光泽，交织成片状藓丛。茎匍匐，具发育弱的中轴；分枝细密，多数不规则，直立或倾立；鳞毛缺失或稀少而不分枝。茎叶和枝叶近于同形，卵形或卵状披针形；中肋粗壮，多数单一，长达叶片中部或尖部，稀较短或缺失。叶细胞多为等轴形，少数长方形或长卵形，平滑或具单疣。

◎ **麻羽藓属** *Claopodium* (Lesq. & James) Renauld & Cardot

植物体较大，鲜绿色或黄绿色，无光泽，疏松交织生长，鳞毛缺失。茎叶基部卵状，向上渐尖或成毛尖，叶边具齿；中肋粗壮，突出叶尖或消失于叶尖下部；叶细胞菱形、六角形或长卵形，多数具疣。

齿叶麻羽藓 *Claopodium prionophyllum* (Müll. Hal.) Broth.

植物体暗绿色或黄绿色，基部为褐色。不规则羽状分枝，中轴分化。茎叶叶边具齿，中肋贯顶，叶细胞成六角形，具单疣。枝叶与茎叶大小形状相似。

生境：石生。

标本编号：20190922-256、20190922-203、20190922-179B

多疣麻羽藓 *Claopodium pellucinerve* (Mitt.) Best.

植物体黄绿色或褐绿色，不规则羽状分枝；中轴分化；茎与枝具密疣。茎叶基部卵状三角形，上部渐尖成毛尖，叶边具疣状突起；中肋消失于叶上部。叶中部细胞成菱形或椭圆形，具多个疣；叶尖细胞长卵形。茎叶与枝叶异形，叶基中部细胞透明无疣。

生境：腐木。

标本编号：20190922-258

细麻羽藓 *Claopodium gracillimum* (Cardot & Thér.) Nog.

植物体纤细，黄绿色至绿色，中轴分化，鳞毛稀少，鳞片状。茎叶与枝叶较近似。茎叶卵形至卵状三角形，上部渐尖，叶边具细齿；中肋细弱，叶片上部消失；叶细胞六角形至菱形，薄壁，中央具单个细疣。

生境：腐枝、树基。

◎ **叉羽藓属** *Leptopterigynandrum* Müll. Hal.

植物体纤细，暗绿色，无光泽，疏松交织成片，中肋 2 条，短或者不明显，叶细胞六角形或长菱形，平滑无疣，角细胞分化多数，成正方形。

全缘叉羽藓 *Leptopterigynandrum subintegrum* (Mitt.) Broth.

植物体硬挺，褐绿色。茎叶卵状三角形，渐尖，叶边全缘，中肋 2 条，消失在叶中部，叶中部细胞长菱形，角部细胞方形，多数。

生境：树干、腐质。

标本编号：20190922-65B、20190924-162A、20190922-46B

叉羽藓 *Leptopterigynandrum austro-alpinum* Müll. Hal.

植物体纤细，硬挺，叶基部宽阔成卵状三角形，叶尖部因长渐尖而偏向一边。叶基部边缘背卷，叶边全缘，中肋2条，短弱不明显，叶细胞六角形或菱形。

生境：树生。

标本编号：20190924-42、20190924-50、20190923-81

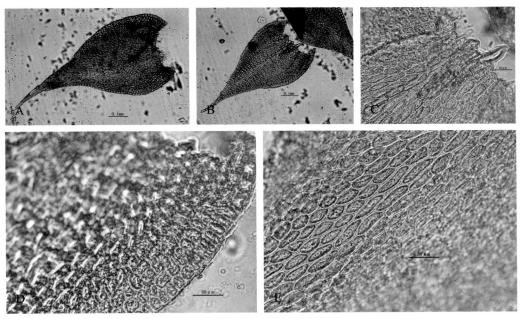

叉羽藓

A—B：叶；C：叶基部细胞；D：叶角部细胞；E：叶中部细胞

羽藓科 Thuidiaceae

植物体色泽多暗绿色、黄绿色或褐绿色，交织成片或经多年生长后成厚地被层。羽状分枝，茎匍匐，不规则分枝；中轴分化或缺失；鳞毛通常存在，单一或分枝，有时密被。茎叶与枝叶多异形。叶多列，干燥时通常贴生或覆瓦状排列，潮湿时倾立，卵形、圆卵形或卵状三角形，上部渐尖、圆钝或成毛尖；叶边全缘、具细齿或细胞壁具疣状突起；中肋多单一，达叶片上部或突出于叶尖，稀短弱而分叉，少数不明显；叶上部细胞多成六角形或圆多角形，壁厚，多具疣，基部细胞较长而常有壁孔，叶边细胞近方形。

◎ **锦丝藓属** *Actinothuidium* (Besch.) Broth.

植物体较大，褐绿色，具光泽。茎直立，茎与枝密被鳞毛；茎下部被红棕色假根。茎叶阔心脏形，向上渐尖成长尖；上部叶缘具齿；中肋粗壮，达到叶尖部；叶细胞长菱形。

锦丝藓 *Actinothuidium hookeri* (Mitt.) Broth.

植物体大片生长，大型，规则羽状分枝；中轴不分化；鳞毛密被茎。茎叶阔卵形，基部收缩，具深纵褶，叶边具粗齿；中肋粗壮，到达叶尖部；叶中部细胞菱形，平滑。

生境：腐质。

标本编号：20190922-135、20190924-197B、20190924-189A、20190921-1、20190924-175、20190923-67B

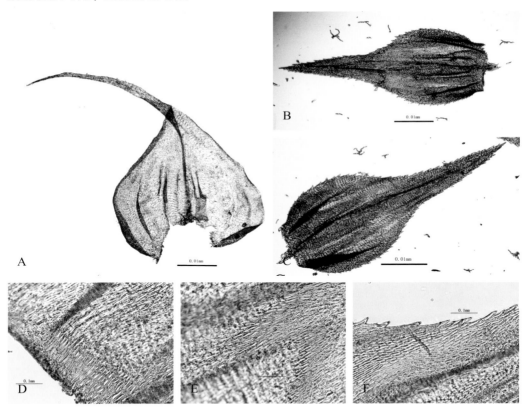

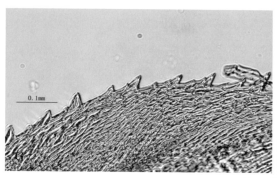 

锦丝藓

A：茎叶；B—C：枝叶；D：叶基部；E—F：叶细胞；G：叶边齿

◎ 小羽藓属 *Haplocladium* (Müll. Hal.) Müll. Hal.

植物体较纤细，长垫状生长。茎匍匐，鳞毛稀少或多数，形态多变化。茎叶与枝叶异形，干燥时内卷或略成一向偏曲，潮湿时倾立。茎叶卵形，具短或长披针形尖部，两侧各具一条纵褶；叶边平展；中肋单一，长达叶尖或略突出于叶尖。叶细胞成不规则方形至菱形，胞壁等厚，具单个圆疣，位于细胞中央或成明显前角突起。枝叶较狭小。

狭叶小羽藓 *Haplocladium angustifolium* (Hampe & Müll. Hall.) Broth.

植物体柔弱细小，黄绿色，老时成棕色，交织成片生长。茎匍匐，规则羽状分枝，叶疏生；中轴分化。茎叶内凹，卵形至阔卵形基部渐上成长披针形；叶边略背卷或平展，具齿；中肋强劲，通常长突出于叶尖。叶中部细胞方形至菱形，胞壁厚，具前角突疣，叶尖细胞狭菱形，平滑。枝叶卵形至狭卵形，具短或长披针形尖。

生境：树基、腐质。

标本编号：20190922-241、20190923-91E、20190924-230A、20190922-28、20190923-198A、20190923-65A、20190923-77B、20190922-64

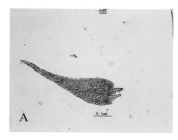 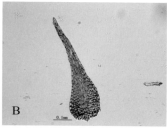 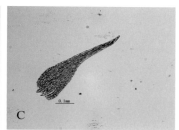

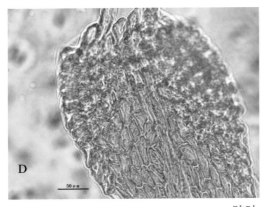
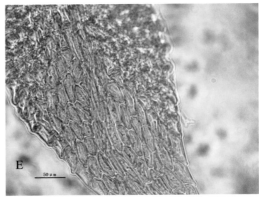

狭叶小羽藓

A—C：叶；D：叶下部；E：叶中上部

细叶小羽藓 *Haplocladium microphyllum* (Hedw.) Broth.

植物体型小，黄绿色或绿色，交织成片生长。茎匍匐，中轴分化。茎叶干燥时疏松贴生，由阔卵形基部渐上成细长尖，叶边平展，具齿；中肋终止于叶尖下。叶中部细胞三角形至六角形，薄壁，具单个中央疣，叶基中部细胞长方形，平滑无疣。枝叶阔卵形，短披针形尖。

生境：树基、枯枝、腐木。

标本编号：20190922-44A、20190923-101A、20190922-41B、20190922-31、20190923-27A

◎ **羽藓属** *Thuidium* Bruch & Schimp.

植物体纤细至大型，绿色、黄绿色或褐绿色，常疏松交织成片。茎匍匐，2~3回羽状分枝；鳞毛密生于茎或枝上，单列细胞组成，常具疣状突起。茎叶与枝叶异形。茎叶卵形或三角形，多具细长尖部，多具纵褶；中肋不及叶尖，叶细胞多为六角形或圆六角形，胞壁等厚或厚壁，单粗疣或具多个细疣。

短肋羽藓 *Thuidium kanedae* Sakurai

植物体大型，疏松交织成片。茎规则2回羽状分枝；中轴分化；鳞毛密生茎和枝上，披针形至线形，具分枝，顶端细胞具2~4个疣。茎叶三角形，披针形尖部由3~10个单列细胞组成毛状尖；叶边平展，上部具齿；中肋粗壮，叶尖消失。叶中部细胞菱形至椭圆形，通常每个细胞具单个星状疣。枝叶内凹，卵形至椭圆状卵形，具短锐尖；叶边具齿；每个细胞具2~4个疣或一个星状疣。

生境：树生、腐质、土生。

标本编号：20190923-84A、20190922-1、20190923-54A、20190921-12B

大羽藓 *Thuidium cymbifolium* (Dozy & Molk.) Dozy & Molk.

植物体较大，鲜绿色至暗绿色，交织成大片状生长。茎匍匐，中轴分化；鳞毛密生茎和枝上，线形，细胞具 2~4 个疣。茎叶基部成三角状卵形，突成狭长披针形尖，顶端由 6~10 个单列细胞组成的毛尖；叶边多背卷，上部具细齿；中肋长达披针形尖部。叶中部细胞卵状菱形至椭圆形，具单个中央刺状疣。

生境：腐木、石生、树干、土生、腐质、树基、藤本植物。

标本编号：20190922-200B、20190924-140B、20190922-181B、20190923-121A、20190921-235、20190923-222B、20190922-209A、20190922-197、20190922-292、20190922-236、20190922-243、20190922-176、20190923-68、20200620-13、20200616-6

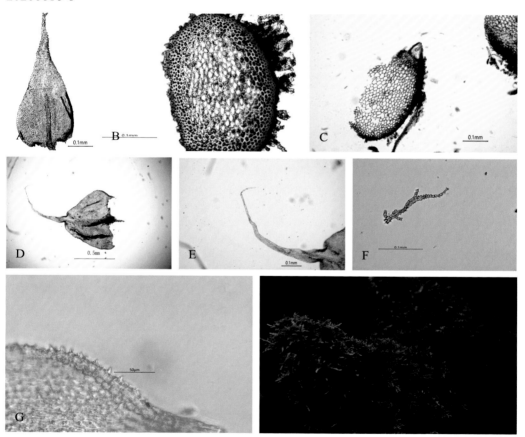

大羽藓

A：枝叶；B—C：茎横切；D：茎叶；E：叶尖部；F：鳞毛；G：刺状疣

短枝羽藓 *Thuidium submicropteris* Cardot

茎匍匐，中轴不分化；鳞毛具分枝，线形，细胞具细小疣状突起。茎叶基部成心脏形；中肋到达叶中上部；叶细胞厚壁，具单个星状疣。枝叶卵状披针形，短尖；叶细胞具单个星状疣。

生境：石生、树干。

标本编号：20190923-23、20190922-58B、20200612-7

绿羽藓 *Thuidium assimile* (Mitt.) A. Jaeger

茎密被鳞毛，叉状分枝，具疣；茎叶内凹，卵状披针形，渐成长尖，具多个单列细胞尖部；叶边具齿，下部背卷。

生境：腐木、枯枝、石生。

标本编号：20190924-72、20190922-26、20190923-14B、20190923-65B

毛尖羽藓 *Thuidium plumulosum* (Dozy & Molk.) Dozy & Molk.

茎密被鳞毛；茎叶稀疏着生，卵状心脏形，叶上部具长毛尖；叶具纵褶，叶边具细齿。枝叶卵状三角形，叶细胞背面具单疣。

生境：腐质、树基、石生、土生。

标本编号：20190924-203、20190924-242、20190922-78、20190923-5、20190923-3、20190922-13、20190922-48、20190923-92、20190923-189、20190922-4、20190924-82A、20190923-105A、20190924-80B、20190922-39A、20190924-192A、20190924-64B、20190921-12A、20190921-60B、20200612-17、20200612-9

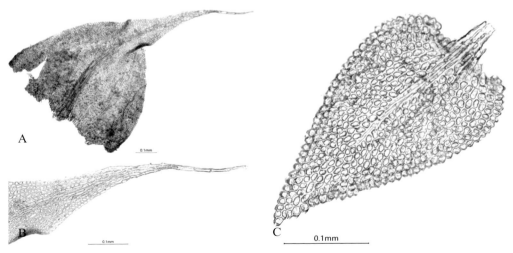

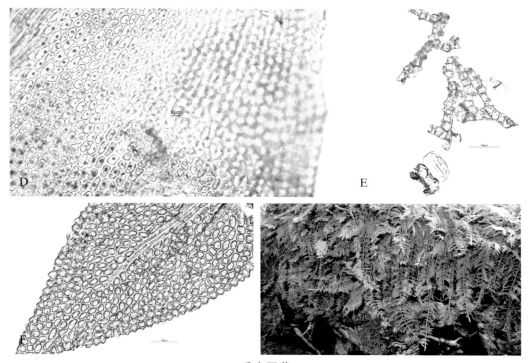

毛尖羽藓

A：茎叶；B：茎叶茎尖；C：枝叶；D：叶细胞；E：鳞毛；F：枝叶

拟灰羽藓 *Thuidium glaucinoides* Broth.

植物体大型，疏松交织成片生长。茎中轴分化。茎叶阔卵形至卵状三角形，具短尖；叶边具齿；中肋到达叶尖部，背部具刺状疣；叶中部细胞长卵形至椭圆形，厚壁，具单疣或2~3个疣，上部细胞圆六角形。枝叶卵形至阔卵形，中肋达叶片2/3处。

生境：腐质、树生、石生。

标本编号：20190923-91C、20190922-43、20190924-60B

细枝羽藓 *Thuidium delicatulum* (Hedw.) Schimp.

植物体大型，黄绿色至淡褐绿色，成大片交织生长。分枝成规则三回羽状，中轴分化；鳞毛密生茎和枝上，线形，具分枝和疣。茎叶三角状卵形，上部成披针形尖，具纵褶，内凹；叶边具齿；中肋长达叶片近尖部，背面具少数疣状突起；叶中部细胞椭圆形至卵状菱形，薄壁，每个细胞具单个疣。枝叶内凹，通常为卵形，短尖，中肋达叶尖下部。

生境：土生、腐质。

标本编号：20190921-8、20190923-74A

青藓科 Brachytheciaceae

植物体纤细或粗壮，疏松或紧密交织成片，略具光泽。茎匍匐或斜生，甚少直立，不规则或羽状分枝。叶排成数列，紧贴或直立伸展，或略成镰刀状偏曲，常具皱褶，成宽卵形至披针形。除鼠尾藓属外，叶先端长渐尖。中肋单一，甚发达，大多止于叶先端之下，有时在背面先端具刺状突起。叶细胞大多成长方形、菱形以至线状弯曲形，平滑或背部具前角突起，基角部细胞近于方形，有时形成明显的角部分化。

◎ **青藓属** *Brachythecium* Bruch & Schimp.

植物体平展，交织成片生长，绿色、黄绿色或淡绿色，常具光泽。茎匍匐，有时倾立或直立，有的成弧形弯曲，规则羽状或不规则羽状分枝。茎叶与枝叶异形或同形。茎叶宽卵形、卵状披针形或三角状心形，先端急尖或渐尖，基部成心形，下延或不下延。枝叶大多成披针形或阔披针形；下部全缘或上部有齿。中肋单一，细弱或强劲，长达叶中部以上，稀近叶尖。叶中部细胞成长菱形或狭线形，平滑；基部细胞较短，排列疏松，近方形或矩形。

勃氏青藓 *Brachythecium brotheri* Paris

植物体大型，茎叶干燥时具纵褶，叶上部渐尖成长尖，基部阔心形，叶基下延；中肋细弱；叶边平滑。枝叶上部具齿，下部平滑。

生境：腐木。

标本编号：20190922-198A、20190922-208A

勃氏青藓

长肋青藓 *Brachythecium populeum* (Hedw.) Bruch & Schimp.

植物体暗绿色，略具光泽。茎匍匐，羽状分枝。茎叶卵状三角形，先端渐尖，略具褶皱，边缘平展，叶基平截，中肋粗壮，达叶尖。枝叶狭披针形，最宽处近叶基部，基部心形或截形。中部细胞长斜菱形或亚线形，角部宽阔，细胞近于方形至矩形，壁略增厚，从边缘延伸至中肋。

生境：石生。

标本编号：20190923-207

长叶青藓 *Brachythecium rotaeanum* De Not.

植物体具光泽，茎叶阔卵形，向上渐成长毛尖；中肋细弱，达到叶中部，中肋两侧各具一条纵褶；叶边全缘。

生境：腐木。

标本编号：20190922-246

脆枝青藓 *Brachythecium thraustum* Müll. Hal.

植物体纤细柔弱，茎匍匐，密生叶；茎叶阔卵形，先端具毛尖，不规则纵褶；中肋细弱，达到叶尖。叶中部细胞长线形。角细胞多，薄壁，达中肋。

生境：树基。

标本编号：20190922-162B

多褶青藓 *Brachythecium buchananii* (Hook.) A. Jaeger

茎叶卵形，先端渐成长尖；具纵褶，叶边全缘，中肋达叶中上部。叶基部细胞长方形；角部细胞方形。茎叶和枝叶同形。

生境：土生、腐木

标本编号：20190922-21B、20190922-219B

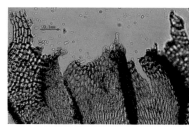
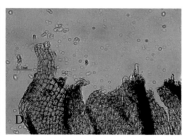
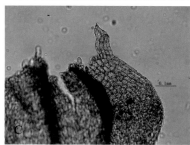
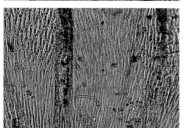

多褶青藓

A：叶；B：叶基部；C—D：叶角部；E：叶中部细胞

平枝青藓 *Brachythecium helminthocladum* Broth. & Paris

生境：腐质。

标本编号：20190922-205A

青藓 *Brachythecium pulchellum* Broth. & Paris

植物体甚小，匍匐，具光泽。茎叶和枝密生叶。茎叶披针形至卵状披针形，先端渐尖或具长毛尖，内凹，具褶皱；叶中、下部边缘具细齿，上部近于全缘，中肋达叶中部；叶基平截或略下延。枝叶狭卵状披针形，略不对称，叶先端渐尖，中肋达叶中部以上，叶基狭窄。茎叶和枝叶略弯曲形成不对称的叶形。叶中部细胞线状菱形，末端钝，成蠕虫形，薄壁；角部细胞分化明显，矩形或六角形，达中肋。

生境：树生。

标本编号：20190922-65A、20190923-43

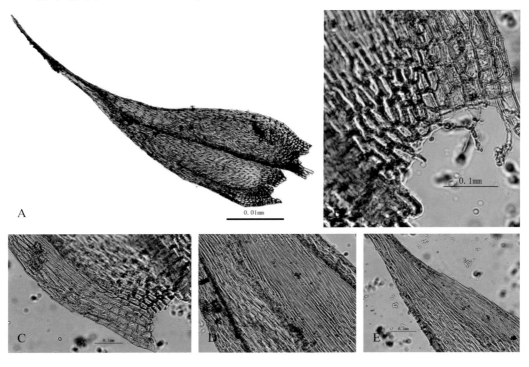

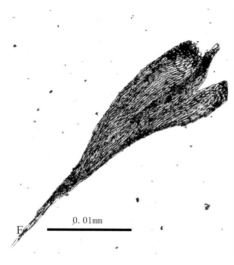 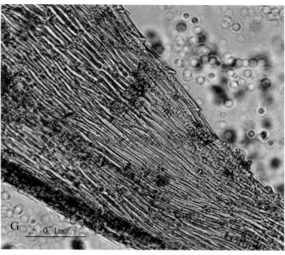

青藓

A：叶；B—C：叶基部细胞；D：叶中部细胞；E：叶上部细胞；F：叶；G：叶上部

曲枝青藓 *Brachythecium dicranoides* Müll. Hal.

植物体暗绿色。枝上叶常成曲尾藓状偏曲。茎叶紧密覆瓦状排列，潮湿时直立伸展。茎叶基部下延，近先端处常内卷，先端渐尖，钻状；中肋渐尖，直达叶的先端消失；角部细胞分化几达中肋，疏松，多边形、长方形至长椭圆形，薄壁。

生境：腐质、树生。

标本编号：20190922-11、20190923-150

皱叶青藓 *Brachythecium kuroishicum* Besch.

植物体纤细，茎和枝上密生叶。茎叶卵状三角形，内凹，具褶皱，先端急尖；基部阔心形；边缘平直，全缘，中肋达叶中部。枝叶卵状披针形或狭披针形，叶尖成长毛状，直生或偏曲。叶中部细胞成斜菱形或近于线形，薄壁。基部细胞方形或矩形，形成明显宽阔的角部。

生境：腐木。

标本编号：20190924-69B

◎ **燕尾藓属 *Bryhnia* Kaurin**

植物体纤细至中等大小，成黄绿色或深绿色，略具光泽。茎基部匍匐，向上斜升，近于羽状分枝或少数种成树状分枝。茎叶较枝叶略大，阔卵形或卵状披针形，先端锐尖、急尖，成短尖或细长渐尖，叶基下延。枝叶卵状披针形至披针形，先端具短尖或渐尖，叶基下延，干燥时具褶皱，叶缘均具齿，中肋较粗壮，止于叶先端之下。

123

叶上部细胞成短圆矩形至菱形，背部具前角突起，基部细胞较宽阔，角部细胞分化。

燕尾藓 *Bryhnia novae-angliae* (Sull. & Lesq.) Grout

植物体型大，茎叶伸展，阔卵形，内凹，两侧各具一条纵皱褶；叶缘具细齿或微齿；先端急狭成长尖，有时扭曲；叶基略下延；中肋较强劲，伸展至叶中部以上。枝叶与茎叶同形，较小，成卵状披针形，具褶皱；叶缘具细齿；中肋较长，有时末端具不明显刺状突起。叶中部细胞成线状菱形，薄壁，常有质壁分离的现象。叶基宽阔，角部有明显界线，细胞膨大而透明，成矩形至圆六角形。

生境：土生。

标本编号：20190922-14

◎ **毛尖藓属** *Cirriphyllum* Grout

植物体纤细或略粗壮，交织成大片生长，成淡黄绿色或深绿色，大多具光泽。茎多匍匐，枝直立，成圆条形或成穗状。叶直立或倾立，干燥时常覆瓦状排列，深内凹，常成兜形，略具褶皱，成椭圆形或卵形，有时成披针形，渐尖或急尖成长毛尖或钻状先端；叶基多少下延；叶缘平直，全缘或具齿或细齿；中肋单一，延伸到叶中部；叶上部细胞线形，平滑；角细胞成短矩形，近于方形。

匙叶毛尖藓 *Cirriphyllum cirrosum* (Schwägr.) Grout

叶上部突然收缩成长毛尖。

生境：石生、腐质、土生、腐木。

标本编号：20190923-217B、20190924-194、20190924-142、20190924-66、20190924-140C

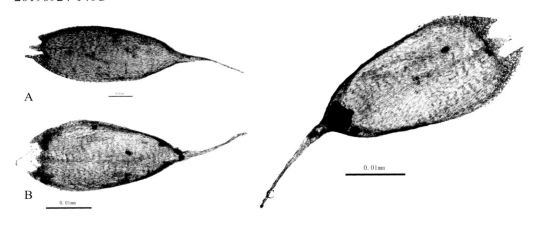

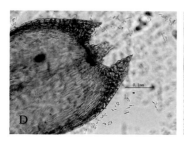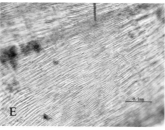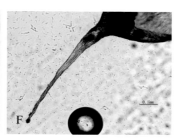

匙叶毛尖藓

A—C：叶；D：叶基部；E：叶中部细胞；F：叶尖部

◎ **美喙藓属** *Eurhynchium* Bruch & Schimp.

　　植物体纤细或稍粗壮，淡绿色或深绿色，干燥时常具光泽，疏松或紧密交织成丛生长。茎匍匐或倾立，不规则羽状分枝或成树状，枝圆条形或扁平。茎叶和枝叶同形或异形，茎叶紧贴或伸展，阔卵形或近于心形，内凹，常具褶皱；先端短渐尖、阔渐尖或具长渐尖；叶基略下延或下延明显；中肋至于叶中部以上，背部先端常具刺状突起。叶细胞平滑，线形或矩圆状线形；基部细胞较短而宽；角部细胞分化，近于方形或矩圆形。枝叶较小，先端阔锐尖、钝或圆钝，有时扭曲，细胞常较中部细胞短，通常成短菱形。

糙叶美喙藓 *Eurhynchium squarrifolum* Broth. ex Iisiba

　　植物体较大，淡绿色，稍具光泽。茎叶宽卵状，先端突然变狭形成一个长尖，叶尖常背仰或扭曲；叶缘具细齿；中肋到达叶中上部，先端无刺突起。枝叶比茎叶小，卵状披针形，略具褶皱，先端形成扭曲的叶尖，通体具粗齿；中肋延伸到叶中上部，末端背面具一小的刺突。叶中部细胞长菱形至菱形，薄壁，下部细胞椭圆状矩圆形，壁略增厚。

　　生境：石生。

　　标本编号：20200615-11

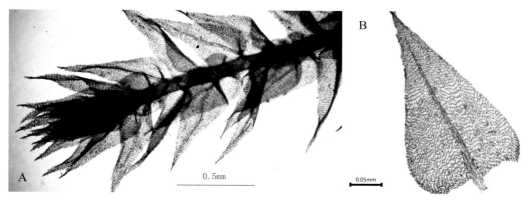

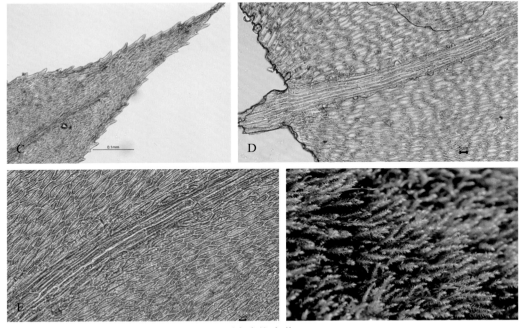

糙叶美喙藓

A：枝条顶端；B：枝叶背面；C：枝叶背面；D：枝叶基部；E：枝叶中部细胞

短尖美喙藓 *Eurhynchium angustirete* (Broth.) T. J. Kop.

植物体型大，淡绿色，具光泽。茎圆条形，常具成束生长的假根，规则或不规则羽状分枝。茎叶阔卵形，先端锐尖，略具褶皱，边缘具细齿；中肋超出叶中部，末端刺状突起不明显。中部细胞线形或蠕虫形，薄壁。角部细胞分化，略膨大，横跨叶基的细胞成矩圆状菱形或矩圆形，壁略加厚。枝条略扁平，枝叶卵形至阔卵形，先端锐尖或钝尖；枝端叶较小，具褶皱；叶缘具锯齿；中部以上锯齿较大。

生境：腐质。

标本编号：20190923-228、20190923-101、20190923-69

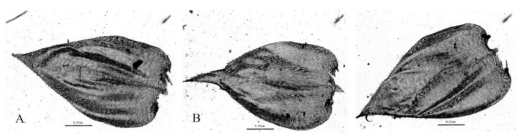

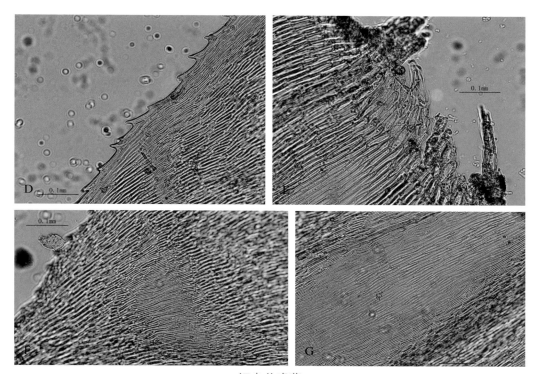

短尖美喙藓

A—C：叶；D：叶边缘齿；E：叶基部；F—G：叶细胞

密叶美喙藓 *Eurhynchium savatieri* Schimp. ex Besch.

植物体纤细，淡绿色，具光泽。密集羽状分枝，分枝扁平。茎叶和枝叶同形，卵状披针形，叶边平展，具细齿；中肋到达叶尖，末端具齿状突起。

生境：树基。

标本编号：20190922-10

疏网美喙藓 *Eurhynchium laxirete* Broth.

植物体羽状分枝，枝扁平。茎叶长椭圆形，疏生，先端具小尖头；叶缘具齿；叶最宽处在中部。中肋粗壮，延伸至叶尖，先端背部具刺状突。枝叶与茎叶同形，略小。叶中部细胞线形；基部细胞渐宽，角部细胞分化明显，长矩形。

生境：腐质。

标本编号：20190922-10

小叶美喙藓 *Eurhynchium filiforme* (Müll. Hal.) Y. F. Wang & R. L. Hu

植物体绿色或淡绿色，主茎纤细，柔弱。叶小而疏生，分枝稀少，不规则羽状分枝。

茎叶卵形至卵状披针形；枝叶披针形，中肋强劲，先端背部具刺状突起；中部以上边缘具明显的齿，基部具细齿；角部狭窄，分化的细胞不达中肋。叶中部细胞线形。

生境：树生。

标本编号：20190922-87

狭叶美喙藓 *Eurhynchium coarctum* Müll. Hal.

植物大片交织生长，黄绿色。被叶的茎和枝成圆条形，密生叶。茎叶潮湿时紧密覆瓦状排列，伸展，具多数纵皱褶，阔卵状披针形，全缘；叶基略下延，内凹，略成截形，边缘内卷；先端渐狭，成毛状；中肋基部粗壮，下凹，向上渐细，末端尖锐，叶细胞狭长菱形或线形。枝叶叶基明显比茎叶狭窄，卵状披针形，

生境：木桩、土生、腐质。

标本编号：20200620-16、20190922-18、20190923-11、20190922-103、20190922-5、20190922-111

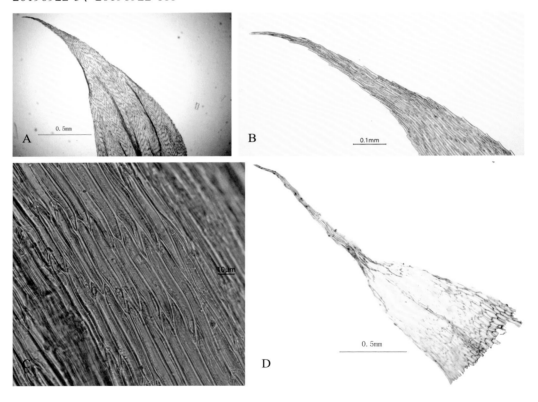

狭叶美喙藓

A：茎叶；B：茎叶叶尖部；C：茎叶细胞；D：雌苞叶；E：雌苞叶叶中部细胞；F：蒴齿；
G：孢子；H：蒴壶外壁细胞

羽枝美喙藓 *Eurhynchium longirameum* (Müll. Hal.) Y. F. Wang & R. L. Hu

植物体主茎上的叶疏生，分枝羽状，枝上叶疏松排列。叶宽卵形，先端渐尖至锐尖；叶基微收缩，略下延，角部发达，分化细胞几达中肋，矩形、长矩形或多角形；中肋强劲，几达叶尖，背部先端有刺状突起；叶缘具微齿。叶中部细胞长菱形。

生境：腐质、腐木。

标本编号：20190922-12、20190924-48

◎ **斜蒴藓属 *Camptothecium* Schimp.**

植物体型大或中等大小，紧密交织成大片生长，绿色或黄绿色，具光泽。茎匍匐或直立，不规则羽状分枝。枝上叶直立伸展成毛刷状，具多数纵长褶皱，卵状至三角状披针形，先端渐狭成长尖，叶基部边缘全缘，中部以上具细齿；中肋单一，长达叶尖。叶中部细胞线形，叶基部细胞卵圆形或方形。

耳叶斜蒴藓 *Camptothecium auriculatum* (Jaeg.) Broth.

植物体粗壮，不规则密分枝。茎叶长卵状披针形，先端渐狭，圆钝，常偏曲，叶基部下延，卵形或成耳状，具深褶皱；叶缘上部具粗齿，基部全缘，中肋纤细，达叶中部或中部以上。枝叶宽卵状长披针形，从三角状卵形的基部向上渐渐形成锥状叶尖，基部成心形或耳状，具纵褶，边缘具细齿。叶中部细胞线形，角部细胞分化不达中肋，长矩形，壁略增厚，无壁孔，疏松。

生境：土生、石生、腐木、树生。

标本编号：20190923-221、20190924-79、20190924-63、20190924-144、20190922-20、20190922-128、20190923-30、20190923-93

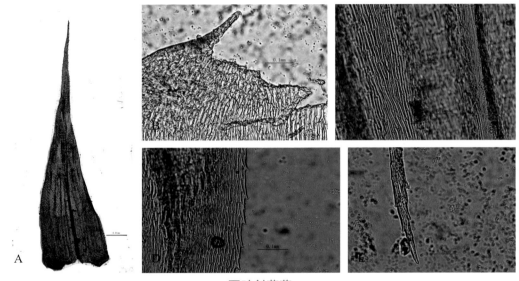

耳叶斜蒴藓

A：叶；B：叶基部；C：叶中部；D：叶边缘；E：叶尖部

斜蒴藓 *Camptothecium lutesceus* (Hedw.) Schimp.

植物体黄绿色，成大片生长。茎不规则羽状分枝，分枝细长。叶紧密排列，直立伸展，有多条纵褶皱，长椭圆状披针形，先端长渐尖；叶基截形或略成心形；中肋细长，几达叶尖；叶缘具齿。叶中部细胞线形，角部分化狭窄，分化不达中肋，细胞方形至多边形。

生境：石生、树生、木台阶。

标本编号：20190922-33、20190923-80B

◎ 鼠尾藓属 *Myuroclada* Besch.

植物体成鲜绿色或淡绿色。茎和枝生鳞片状叶，随处生假根。枝直立或倾立，密生覆瓦状排列的叶，枝端渐尖，成鼠尾状。枝叶成圆形或阔椭圆形，强烈内凹，基部心形，略下延，先端圆钝，有时具小尖头；边缘近于全缘，有时上部具细齿；中肋单一，渐尖，延伸至叶中部。叶中部细胞菱形或长菱形，角部细胞矩形或六角形，薄壁或略增厚。

鼠尾藓 *Myuroclada maximowiczii* (G. G. Borshch.) Steere & W. B. Schofield

种的特征与属的特征相同。

生境：腐质。

标本编号：20200612-12、20190922-106、20190922-109

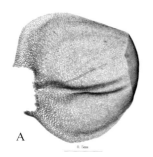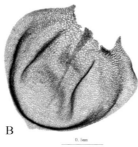

鼠尾藓

A—B：叶

◎ **褶叶藓属** *Palamocladium* Müll. Hal.

植物体中等大小或略显粗壮，成绿色、黄绿色或褐色，疏松交织，具光泽。主茎匍匐，上生假根，近于羽状分枝。叶直立伸展，披针形至卵状披针形，基部圆钝，向上渐狭，成狭长的叶尖，多少具褶皱，先端边缘通常具齿，基部具细锯齿；中肋单一，至于叶先端之下。叶细胞成长椭圆形、线形或线状虫形，厚壁，常具壁孔。角部细胞较小，方形，形成相当明显的分化区。

深绿褶叶藓 *Palamocladium euchloron* (Müll. Hal.) Wijk & Margad.

植物体粗壮，黄绿色或深绿色。叶挺直伸展，茎叶三角状披针形，先端形成狭长毛尖，中部常具不规则褶皱，叶基平截；叶基近中肋处有多排椭圆形细胞，具壁孔，角部狭窄，不达中肋，角部细胞椭圆形或矩圆形，厚壁；叶缘通常具齿。

生境：树干、腐质。

标本编号：20190922-265、20190922-207B、20190924-229

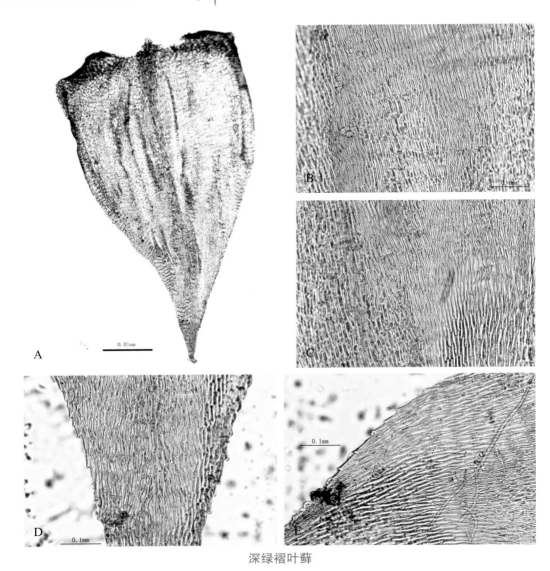

深绿褶叶藓

A：叶；B—C：叶细胞；D：叶上部；E：叶边缘

◎ **长喙藓属** *Rhynchostegium* Bruch & Schimp.

茎匍匐，多少成不规则分枝。茎叶与枝叶近于同形，常内凹，卵状披针形至阔卵形或椭圆形，先端渐尖、长毛尖、钝或具小尖头；叶缘全缘或具齿，中肋延伸至叶中部或超过叶中部，先端背部无刺状突。叶中部细胞狭长菱形至线形。角部细胞分化，细胞较短且阔，成矩形或方形。

水生长喙藓 *Rhynchostegium riparioides* (Hedw.) Cardot in Tourret

植物体暗绿色。茎匍匐，主茎上叶稀就生长，有时光棵无叶，稀疏分枝，枝上密生叶。茎叶和枝叶同形，枝叶略小。叶阔卵形至亚圆形，先端具小尖头，圆钝；基部收缩，略反卷；叶缘通体具细齿，平展或波状皱褶，中肋超出叶中部。叶中部细胞线形至线状菱形，薄壁，上部细胞较短，斜菱形。角部细胞长矩形至椭圆形。

生境：腐质、石生。

标本编号：20190922-150、20190922-60

狭叶长喙藓 *Rhynchostegium fauriei* Cardot

植物体纤细。茎叶卵状披针形，弯曲，叶尖细长，叶缘通体具齿；中肋到达叶中上部。叶中部细胞线形，角部细胞分化为方形。

生境：树生、腐质。

标本编号：20190922-188、20190922-204A

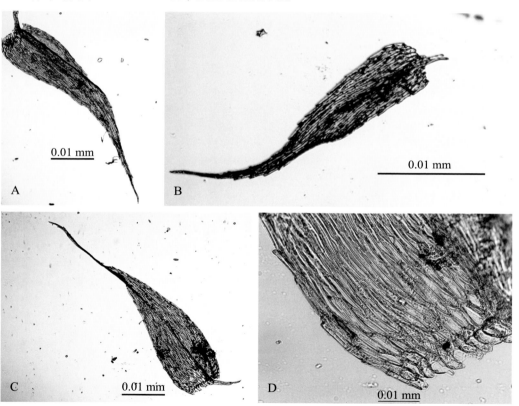

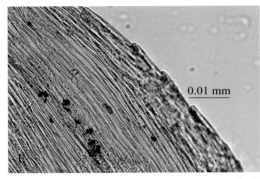
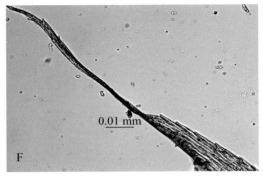

狭叶长喙藓

A—C：叶；D：叶角部细胞；E：叶边缘细胞；F：叶尖部

◎ **异叶藓属** *Kindbergia* Ochyra

属的特征见种

树状异叶藓 *Kindbergia arbuscula* (Broth.) Ochyra

植物体分枝成树状，茎叶和枝叶异形。茎叶基部阔心形，先端具长毛尖；叶基下延长而宽；叶上部边缘具锯齿，下部边缘具细齿；中肋及顶；叶中部细胞壁厚；基部细胞长方形，厚壁，具壁孔。

生境：腐质。

标本编号：20190922-207A

蔓藓科 Meteoriaceae

植物体疏松或密集成束下垂生长。主茎匍匐；支茎具长或短不规则分枝或不规则羽状分枝。叶强烈内凹或扁平，带叶茎和枝成圆条状或扁平，叶形多变，但基本上为阔椭圆形或卵状披针形，叶基两侧无叶耳或具大叶耳，具深纵褶或波纹，叶尖部突收缩成短或长毛尖；叶边具细或粗齿；中肋多单一，纤细，消失于叶片上部，稀分叉或缺失。叶细胞菱形至线形，一般上部细胞壁薄，或强烈加厚，下部叶细胞多成线形或狭长卵形，胞壁加厚，基部细胞下部常强烈加厚，具明显壁孔，角部细胞多成不规则方形，外壁平滑具单个粗疣或密疣。

◎ **丝带藓属** *Floribundaria* M. Fleisch.

植物体细长，黄绿色。叶下部成卵圆形，向上渐成狭披针形，有细长透明尖；叶边平展，具齿；中肋到达叶上部。

四川丝带藓 *Floribundaria setschwanica* Broth.

茎叶疏生，叶基成心形，顶端具细长尖；叶缘具齿，叶片有长纵褶。叶中部细胞透明，成梭形，常具 2~3 个小圆疣；基部细胞不规则，厚壁，平滑；角部细胞近方形，厚壁平滑。

生境：树干

标本编号：20190922-164、20190922-155

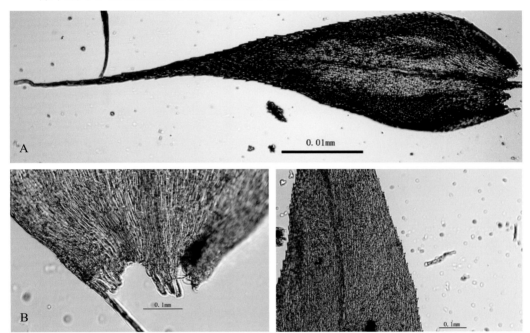

四川丝带藓

A：叶；B：叶基部；C：叶上部

◎ 蔓藓属 *Meteorium* Dozy & Molk.

体型略粗，暗绿色，老时褐绿色，有时带黑色，无光泽，成束生长。主茎匍匐；支茎下垂，扭曲，密或稀疏不规则分枝至不规则羽状分枝；横切面具多层黄褐色厚壁细胞的皮部和薄壁大细胞组成的髓部，中轴由多个小细胞组成。茎叶干燥时覆瓦状排列，阔卵状椭圆形至卵状三角形，上部多宽阔，成兜状内凹，突窄成短或长毛尖，或渐尖，近基部趋宽，成波曲叶耳，多具长短不一的纵褶；叶边内曲，全缘；中肋单一，达叶长度的 1/2~2/3，稀下部分叉。叶细胞卵形、菱形、长菱形至线形，由上至下渐趋长，胞壁等厚或加厚而具壁孔，每个细胞背腹面各具一圆粗疣，叶耳部分细胞椭圆形至线形，基部着生处细胞趋长方形，胞壁强烈加厚，具明显壁孔，一般平滑无疣。

蔓藓 *Meteorium polytrichum* Dozy & Molk.

植物体硬挺，青绿色、灰绿色或深绿色，老时带黑色，无光泽。支茎基部匍匐，先端下垂，长达 10 cm 以上，连叶片宽 1.5 mm；茎叶干燥时贴茎生长，长可达 3mm，由卵形至椭圆状卵形，基部向上渐成短毛尖，叶基两侧成耳状，略内凹，具深纵褶：叶边具细齿或全缘，上部内曲，基部略波曲：中肋长达叶长度的 2/3 枝叶与茎叶相类似，内凹。叶细胞不透明，中部细胞线形至近于成线形，长可达 46 μm，直径为 3~4 μm，每个细胞中央具单疣，叶基细胞较短，无疣。

生境：腐木桩。

标本编号：20200617-10

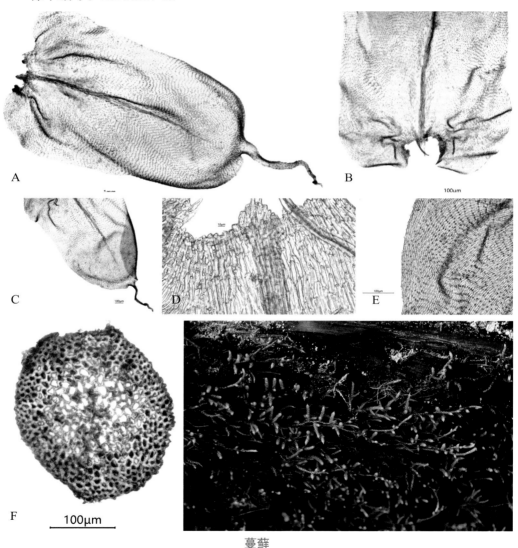

蔓藓

A：茎叶；B：叶基部；C：叶上部；D：叶基部细胞；E：枝叶叶缘细齿；F：茎横切

◎ **新丝藓属** *Neodicladiella* (Nog.) W. R. Buck

植物体柔软纤细，黄绿色，叶具细长毛尖，叶细胞线形，薄壁，具 2~3 个细疣。

新丝藓 *Neodicladiella pendula* (Sull.) W. R. Buck

植物体黄绿色，密羽状分枝，茎叶疏松，卵形，内凹，上部渐尖成狭披针形，叶边具细齿；中肋细弱单一。叶细胞线形，透明无疣。

生境：腐木、树生。

标本编号：20190922-220、20200615-7

新丝藓

A：茎叶；B：枝叶；C：茎叶角部细胞

◎ **多疣藓属** *Sinskea* W. R. Buck

植物体粗大，硬挺；茎叶长卵状披针形，略背仰，渐成狭长细尖，中肋单一细弱，长达叶中部。叶中部细胞长菱形至线形，具 1 列疣，角部细胞有壁孔。

小多疣藓 *Sinskea flammea* (Mitt.) W. R. Buck

植物体纤细，黄褐色，叶披针形，毛尖状；上部叶边缘具齿。叶中部细胞线形，具 2~3 个细疣，厚壁，角部细胞方形。

生境：树枝、树干。

标本编号：20190922-175、20190922-137、20190922-224

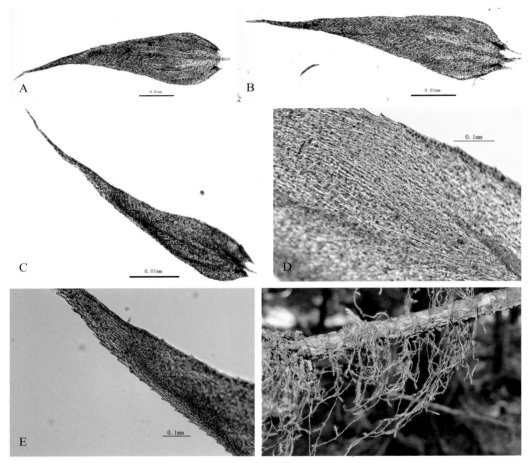

小多疣藓

A—C：叶；D：叶边缘；E：叶上部

◎ **扭叶藓属** *Trachypus* Reinw. & Hornsch.

树干、树枝附生或岩面成小片状生长。植物体多纤细或中等大小，多成黄绿色或褐绿色，稀成黑色或鹅黄色，无光泽。主茎匍匐；支茎倾立或垂倾，多具密而不规则羽状分枝或不规则分枝，有时具纤细鞭状枝。叶疏松贴生或倾立，卵状披针形或披针形，尖部常扭曲，具弱纵褶；叶边多具细齿；中肋单一，细弱，多消失于叶片中部或上部。叶细胞菱形或线形，胞壁密被细疣，仅叶基中央细胞平滑。雌雄异株。

扭叶藓 *Trachypus bicolor* Reinw. & Hornsch.

生境：树基。

标本编号：20190922-213、20200618-17

小扭叶藓原变种 *Trachypus humilis* var. *humilis*

植物体纤细，黄绿色或褐绿色，常具易脆折的鞭状枝。茎叶与枝叶异形。茎叶干燥时贴生或疏松贴生，潮湿时平展，卵状披针形，有时尖端具透明白尖，平展或具弱纵褶；叶边有时略内卷，具细齿；中肋单一，细弱，消失于叶片中部。枝尖常成钩状。

生境：树基、藤本植物、腐质。

标本编号：20190922-225、20190922-196A、20190922-264B、20190922-180B、20200618-17、20190924-250

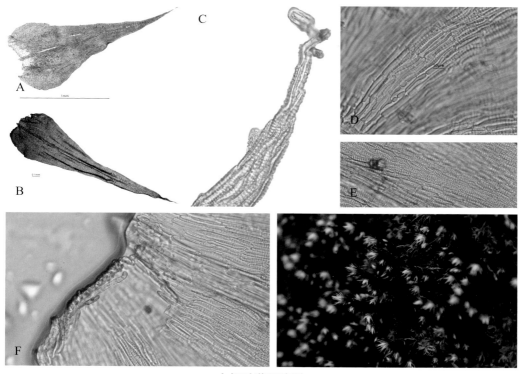

小扭叶藓原变种

A：茎叶；B：枝叶；C：叶尖部；D—E：叶细胞；F：叶基部

小扭叶藓细叶变种 *Trachypus humilis* var. *tenerrimus* (Herzog) Zanten

体型极纤细，多具易脆折的鞭状枝；枝尖不成钩形。茎叶长 0.7~1 mm，卵状披针形，具细长尖。枝叶尖短，约为叶长度的 2/3.

生境：石生。

标本编号：20190923-42

灰藓科 Hypnaceae

本科植物体纤细或粗壮，多密集交织成片。茎横切面圆形或椭圆形，中轴分化或不明显分化，茎多匍匐生长，稀有直立，具规则羽状分枝或不规则分枝；鳞毛多缺失。茎叶和枝叶多为同形，其中梳藓属的茎叶异形，横生，长卵圆形、卵圆形或卵状披针形，具长尖，稀为短尖，常一向弯曲成镰刀形，稀平展或具褶；双中肋短或不明显。叶中部细胞线形，少数为长六边形，平滑，角细胞多数分化，由一群方形或长方形细胞组成。

◎ 粗枝藓属 *Gollania* Broth.

该属植物体大型，粗壮、黄绿色或褐黄色，有光泽。叶细胞长菱形，生叶茎多成近圆柱形或圆柱形，茎叶常分化为背面叶、侧面叶和腹面叶，多数叶边缘具粗齿，不同于本科其他属植物。

大粗枝藓 *Gollania robusta* Broth.

植物体粗壮，淡褐绿色。茎匍匐，长可达 7 cm；横切面成椭圆形。茎叶有分化；背面叶直立或略弯向一侧，阔椭圆状披针形，基部近心脏形，向上渐狭，具细长尖，长 2.7~3.5 mm.宽 1.1~1.7 mm；叶边平展，上部具明显细齿；中肋 2 条，到达叶片中部消失，基部相连。叶中部细胞狭线形，厚壁，长 35~65 μm，宽 2~3 μm，角细胞明显分化，8~10 列，高 8~12 个细胞。腹面叶尖部平展。枝叶形小，长 1.9~2.4 mm，宽 1~1.4 mm。

生境：石生、树生、土生。

标本编号：20190923-61、20190922-35、20190923-213、20190923-25

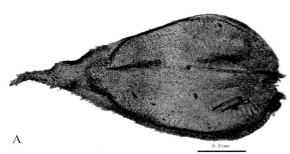
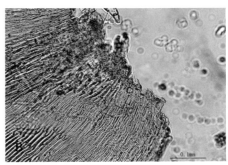

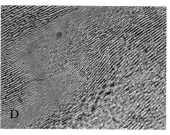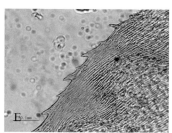

大粗枝藓

A：叶；B：叶基部；C：叶角部；D：叶中部；E：叶边齿

日本粗枝藓 *Gollania japonica* (Cardot) Ando & Higchi

植物体淡褐绿色。茎平展，横切面椭圆形，具不规则或规则羽状分枝。被叶茎圆条形或近于圆条形，叶展开。枝近于圆条形。茎叶略有分化；背面叶直立或微镰刀状弯曲，卵圆状披针形，向上突变狭，具钝短尖，基部近心脏形、稍下延，上部稍具纵纹，长 14~1.8 mm，宽 0.5~0.8 mm；叶边平展，基部背卷，上部具不规则细齿，下部全缘；中肋 2 条，长可达叶片 1/3，基部分离。叶中部细胞狭长线形、长 40~60 μm，宽 3~4 μm，稀具前角突，角细胞分化、横切面中部具 3 列细胞，基部相连；叶中部细胞细长形，略弯曲，薄壁，平滑，叶上部细胞背面稀具前角突，基部细胞较大，壁厚，有壁孔，角细胞分化。3~5 列，高 4~5 个细胞。腹面叶尖平展。枝叶较茎叶小，长 1~1.5 mm. 宽 0.4~0.6 mm

生境：石生、腐质。

标本编号：20190921-60A、20190923-164

中华粗枝藓 *Gollania sinensis* Broth. & Paris

植物体粗壮，淡褐绿色。茎横切面椭圆形；茎着生叶成扁平，叶偏向一侧。带叶枝圆条形。茎叶分化，背叶基部心脏形，向上收缩成短尖，稍具纵褶；叶边平展，上部具不规则齿，中肋 2 条，到达叶中部；叶中部细胞线形，薄壁；角细胞明显分化。枝叶细小。

生境：腐质。

标本编号：20190922-177

皱叶粗枝藓 *Gollania ruginosa* (Mitt.) Broth.

植物体淡褐绿色，具光泽。茎扁平被叶；横切面圆形。枝近于圆条形，长短不等，长可达 1mm。茎叶有分化，背面叶略弯向一侧，狭长卵圆状披针形，具长尖，叶基近于心脏形，常下延，长 12 mm，宽 0.35~1 mm；叶边平展，上部具不规则细齿，中肋 2 条，到达叶中下部，一般在基部分离。叶中部细胞狭长线形，长 50 μm，宽

3~5 µm，厚壁，具前角突，角细胞略有分化，3~5 列，高 4~6 个细胞。腹面叶尖端具明显横皱纹。枝叶较小，长 1~1.6 mm，宽 0.3~0.5 mm。

生境：土生、石生、腐质。

标本编号：20190923-209、20190922-89、20190924-235

◎ **拟灰藓属** *Hondaella* Dixon & Sakurai

该属植物外形与绢藓科植物较为相似，黄绿色，树皮着生，密集成片。茎匍匐生长，随处产生假根，不规则分枝，分枝单一或再分枝常圆条形，有时成纤细鞭状枝而区别于其他属。

拟灰藓 *Hondaella caperata* (Mitt.) Ando

植物体密集丛生，黄绿色或黄褐色，有光泽。茎横切面成椭圆形，中轴稍分化，皮层由 2~3 层厚壁小细胞构成；分枝有时成鞭枝状。叶成长椭圆形披针形，渐成细长尖，有纵褶；叶边全缘；中肋不明显；叶中部细胞线形，平滑。

生境：树生。

标本编号：20190923-157

◎ **灰藓属** *Hypnum* Hedw.

该属在野外识别的最大特征是叶片多强烈弯曲。植物体粗壮或纤细，黄绿色、黄褐色或金黄色，常具光泽，常交织成大片生长。茎不规则或规则羽状分枝，分枝末端成钩状或镰刀状；具中轴或无中轴分化。茎有时内凹，卵状披针形或基部成心脏形，上部披针形，具短尖或细长尖；叶边平展或背卷，全缘或上部具齿；中肋 2 条，短弱。叶细胞狭长线形，多数平滑无疣，稀具前角突，基部细胞多厚壁，具明显壁孔，有时黄色或褐色，角细胞明显分化，方形或多边形，膨大、透明。

多蒴灰藓 *Hypnum fertile* Sendtn.

植物体黄绿色，平铺交织成片生长。雌雄同株异苞。茎横切面表皮细胞较大，近羽状分枝。叶密生，扁平排列，镰刀状弯曲，长 15~20 mm，宽 0.7~0.8 mm，基部不下延，内凹，无纵褶，先端渐成细长尖；叶边略背卷，中下部全缘，仅尖端具细齿；中肋 2 条，不明显。叶中部细胞狭长线形，长 39~64 µm、宽 2~3 µm，基部细胞短宽，具壁孔，角细胞分化为方形或长圆形，常由少数几个凹入透明薄壁细胞构成。

生境：腐质。

标本编号：20190924-189B

东亚灰藓 *Hypnum fauriei* Cardot

植物体黄绿色或褐绿色。茎匍匐，具假根；横切面皮部细胞 3~4 层，厚壁，带褐黄色，中部细胞大而透明，薄壁；中轴略有分化；分枝密集，扁平。茎叶镰刀状弯曲，长三角状椭圆形，尖端渐尖，无纵褶，长 1.5~2.7 mm，宽 0.45~0.75 mm；叶边下部有时背卷，上部具细齿；中肋 2 条，约为叶长的 1/3，基部分离。叶中部细胞长 60~70 μm，宽 3~5 μm。角细胞大而透明，内部细胞为红褐色。枝叶长椭圆状披针形，具细长尖，较茎叶小，长 1.2~1.8 mm. 宽 0.25~0.45 mm；叶边 2/3 以上具明显细齿；中部细胞长 60~70 μm，宽 3~5 μm。角细胞分化不明显；中肋明显。雌雄同株，雌苞叶披针形。尖端具细尖，纵褶明显，上部具细齿，基部无色或略带的黄色，中肋 2 条，不明显。蒴柄黄褐色或红褐色，长 25mm。孢蒴黄褐色或暗褐色。

　　生境：腐质。

　　标本编号：20200618-6

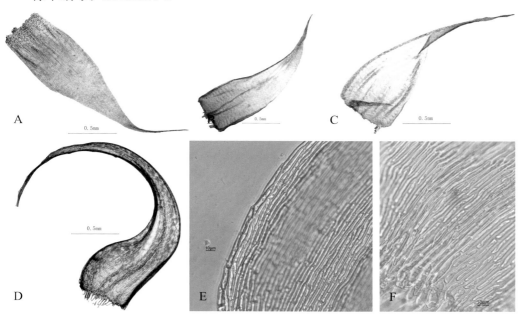

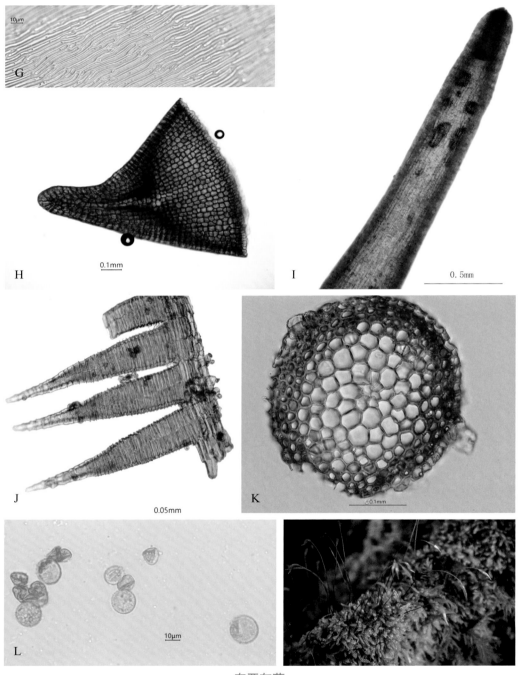

东亚灰藓

A：雌苞叶；B—C：茎叶；D：枝叶；E：茎叶基部细胞；F：枝叶基部细胞；G：枝叶中部细胞；H：蒴盖；I：蒴帽；J：蒴齿；K：茎横切；L：孢子

钙生灰藓 *Hypnum calcicola* Ando

植物体中等大小，密集丛生，淡绿色。茎横切面圆形或椭圆形，皮层细胞多为4层，中轴略有分化；分枝稀疏。茎叶镰刀状弯曲或强烈弯曲，卵状或三角状披针形，内凹，长 2.2~2.7 mm，宽 0.6~0.75 mm，尖端具长尖；叶边平展，全缘，仅上部具微齿；中肋 2 条，不明显。叶中部细胞狭长线形，长 40~60 μm，宽约 3 μm，叶基部细胞带褐色，角细胞由透明膨大细胞和上面较小近方形的细胞所组成(边缘3~4列细胞)。枝叶较小，长卵状披针形，镰刀状弯曲，长 1.8~2.3 mm，宽 0.4~0.5 mm，尖端渐尖，角细胞较少。雌雄同株。雌苞叶直立，长可达 8mm，披针形，具纵褶，上部具细齿。

生境：腐质、湿石。

标本编号：20190924-198、20200614-1

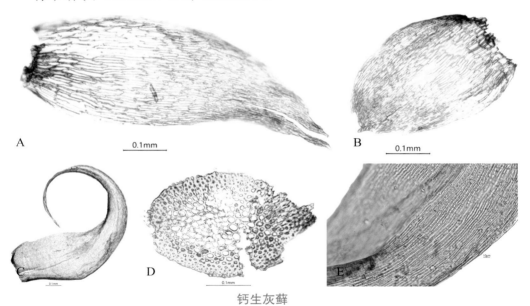

钙生灰藓

A—B：雌苞叶；C：枝叶；D：茎横切；E：枝叶中部细胞

黄灰藓 *Hypnum Pallescens* (Hedw.) P. Beauv.

植物体纤细，暗绿色，紧密交织成片生长。茎匍匐，长 2~5 cm，着生假根。茎横切面阔椭圆形，中轴稍发育；羽状分枝，分枝扁平。叶镰刀状弯曲，卵状披针形，叶角不下延，尖端渐尖，具细长尖。茎叶较宽，长 0.6~1.1 mm，宽 0.4~0.6 mm。边缘上部具细齿，下部近于全缘且背卷；中肋细弱。叶中部细胞长 30~50 μm，宽

4~5 μm，具不明显前角突；基部细胞较宽；角细胞近于方形或正方形，多数，8~15列。枝叶逐渐变狭窄，叶尖具明显细齿，长 0.6~1 mm，宽 0.22~0.35 mm。

生境：树生、腐质。

标本编号：20190924-251、20190922-141

灰藓 *Hypnum cupressiforme* Hedw.

植物体绿色、黄绿色、褐色或黑绿色，有光泽。茎细长，不规则羽状分枝或规则羽状分枝；茎横切面圆形，具中轴，表皮细胞小，厚壁。叶密生，镰刀形弯曲，阔椭圆状披针形，有时为狭披针形，内凹，无纵褶，先端渐成长叶尖，长 1.6~2.2 mm，宽 0.5~0.8 mm，叶边缘内曲，全缘；中肋 2 条，短弱。叶中部细胞长 29~40 μm，宽 3~4.3 μm，基部细胞短宽，厚壁，有壁孔，黄色；角细胞分化明显，多数方形或多边形，较小，无色或黄褐色，6~15 列细胞。枝叶与茎叶同形。

生境：腐质。

标本编号：20190924-174

美灰藓 *Eurobhypnum leptothallum* (Müll. Hal.) Paris

植物体细长，黄褐色，干燥时稍具光泽，密集平铺成垫状。茎不规则羽状分枝；分枝倾立，生叶枝成圆条形。叶密生，干燥时紧贴，潮湿时直立开展，内凹，基部上方最宽，尖端急狭成短尖或长尖，叶尖直立或向一侧偏斜，长 1.2~1.3 mm，宽 0.4~0.6 mm，叶缘平滑，仅尖端具细齿。叶细胞狭长菱形近线形，平滑，角细胞明显分化，8~12 列，较小，厚壁，圆方形，成斜向排列，沿两侧叶缘向上延伸，高达 20~30 个细胞。

生境：土生。

标本编号：20190923-2

密枝灰藓 *Hypoum densirameum* Ando

植物体细弱，密集丛生，褐绿色。茎匍匐，具假根；横切面椭圆形，皮层细胞 4~6 层；中轴有分化；规则羽状分枝，分枝扁平。茎叶镰刀状弯曲.三角状或长卵状披针形，尖端渐尖，具长尖，长 1.6~2 mm，宽 0.55~0.72 mm；叶基部边缘背卷且全缘，仅上部有细齿。中肋 2 条，明显，叶基处分离。叶中部细胞线形长 50~70 μm，宽 2~3 μm，叶基部细胞厚壁，褐色，有壁孔。角细胞明显分化，疏松，透明，近于方形，近边缘具 3~5 列。枝叶较小，狭长披针形，镰刀状弯曲或环形弯曲，长 1.3~1.7 mm，宽 0.3~0.4 mm，叶细胞狭长，厚壁，角细胞分化明显。

生境：石生。

标本编号：20190924-134A

湿地灰藓 *Hypnum sakuraii* (Sakurai) Ando

植物体带红色，密集丛生。茎匍匐生长；横切面皮层细胞4层左右，厚壁；中轴略分化；稀疏羽状分枝。茎叶镰刀状弯向一侧，长2~2.7 mm，宽0.7~0.95 mm，卵圆状披针形；叶边平展，上部有细齿；中肋2条，不明显。叶基部细胞通常为黄色或红褐色，角细胞由少数大型透明细胞组成，在角细胞上部往往有1~2列近方形小细胞。枝叶较小，叶基部为圆形，角细胞具一个透明大细胞，叶中部细胞较长，常为厚壁，长60~90μm，宽3μm，有时具前角突。

生境：石生。

标本编号：20190924-141

弯叶灰藓 *Hypnum hamulosum* Schimp.

植物体纤细，黄绿色，阳光下稍具光泽。茎匍匐，横切皮层细胞为透明大型细胞，中轴不分化；羽状分枝，分枝扁平。茎叶镰刀状弯曲，具长尖；叶边平展，全缘；中肋2条，有时消失。叶中部细胞线形；基部细胞长椭圆形，有时具壁孔；角细胞分化不明显，即使分化，细胞成方形，无色透明。

生境：腐质。

标本编号：20190922-130B

◎ **拟鳞叶藓属** *Pseudotaxiphyllum* Z. Iwats.

植物体茎横切面皮层细胞小，厚壁；无假鳞毛；假根着生叶片基部；分枝不规则。叶两侧不对称，边缘平展，叶尖具齿。无性芽胞生于叶腋。

密叶拟鳞叶藓 *Pseudotaxiphyllum densum* (Cardot) Z. Iwats.

植物体较小，成绿色或黄绿色。茎长约10 mm，少有分枝。叶扁平排列，稍密集，直立伸展，卵圆形，尖端短渐尖，长约0.9 mm，宽0.4 mm；叶边缘上部具细齿；中肋不明显。叶中部细胞长线形，长40~50 μm，宽4~4.5 μm，薄壁，角隅加厚，叶基部细胞成狭长方形或长菱形，长20~30 μm，宽5~6 μm，厚壁，角细胞不分化。

生境：树干。

标本编号：20190922-58A

◎ **鳞叶藓属** *Taxiphyllum* M. Fleisch.

植物体柔弱或稍粗壮，扁平，鲜绿色，具光泽，交织成片生长。茎多分枝；枝平展生叶枝外观扁平，具稀疏和不规则短分枝。叶近于两列着生，倾立，长卵形，具短尖或长尖；叶边缘均具细齿；中肋2条，短弱或缺失。叶细胞长菱形，常有前角突。雌雄异株。内雌苞叶长卵形，急狭成芒状尖。蒴柄细长。孢蒴直立或平列，长卵形，有长台部。蒴齿两层：外齿层齿片外面具纵褶和横脊，下部黄色，有横纹，上部透明具疣，内面横隔高出；内齿层淡黄色，平滑，成折叠形，齿毛2条，与齿片等长，有节瘤。蒴盖具长喙。蒴帽兜形，平滑。

凸尖鳞叶藓 *Taxiphyllum cuspidifolium* (Cardot) Z. Iwats.

植物体淡绿色，具光泽。茎匍匐密被叶。茎叶和枝叶斜展，成2列扁状平排列，卵圆状披针形，先端宽，渐尖，基部一侧常内折，两侧不对称。中肋2条，短弱。叶中部细胞线形，长40~50 μm，上部细胞较短，狭菱形，尖部细胞长椭圆形或菱形，长15~20 μm。角细胞数少，方形或长方形。

生境：腐质。

标本编号：FZ7、FZ22

◎ **明叶藓属** *Vesicularia* (Müll. Hal.) Müll. Hal.

植物体平铺成片，茎横切面为扁圆形，中轴不分化，中间具薄壁大细胞，皮层细胞略小厚壁，不构成厚壁层；假根稀疏；带叶枝扁平。茎上的叶有分化；叶直立平展，尖部具齿；中肋2条，短弱。叶细胞菱形近六边形，平滑，叶边缘由一列狭长细胞构成，叶角细胞不分化。

柔软明叶藓 *Vesicularia flaccida* (Sull. & Lesq.) Z. Iwats.

植物体型小，柔软，黄绿色。叶平展，阔披针形或卵状披针形，上部具狭长尖；叶边全缘；中肋不明显。叶中部细胞长菱形，薄壁，叶缘细胞狭长，角细胞分化不明显。

生境：树生。

标本编号：20190924-121A

金灰藓科 Pylaisiaceae

植物体黄色，具光泽；分支短，直立生长。叶内凹，卵状披针形，尖端渐尖；叶边全缘；中肋不明显；叶细胞线形，角细胞方形。

◎ **毛灰藓属** *Homomallium* (Schimp.) Loeske

植物体细弱，平展。绿色或黄绿色，略具光泽。茎匍匐，不规则分枝或近于规则羽状分枝；分枝短，直立或弓形弯曲；具假鳞毛。叶卵圆形或长披针形，内凹；叶边平展，全缘或尖端有明显的齿：中肋2条，细弱或缺失或单一；叶细胞狭长菱形或线形，平滑或有前角突，角细胞明显分化，小方形，近边缘处向上延伸。

华中毛灰藓 *Homomallium plagiangium* (Müll. Hal.) Broth.

植物体细长，淡绿色。茎匍匐，不规则分枝，中轴不明显分化。茎叶与枝叶稍同形，卵圆状披针形或长卵状披针形，尖端渐尖，长1~1.2 mm，宽0.3~0.4 mm，边缘平展，上部近于全缘；中肋2条或不明显。叶细胞狭菱形，平滑，角细胞多数，较大，疏松，方形，7列，沿叶边缘15~25个，雌苞叶大，基部较宽，叶边平展，具长尖。蒴柄短或细长，红色。孢蒴小，直立或平列，圆柱形。蒴齿2层：外齿层齿片长披针形，淡黄色，内齿层基膜高出。蒴盖圆突，具短而尖的喙。孢子具细疣。

生境：石生、林下湿石。

标本编号：20200620-22B、20200612-10

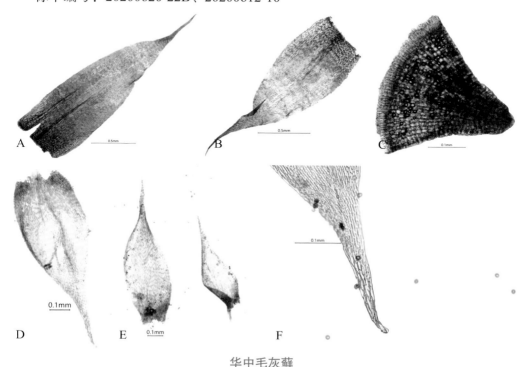

华中毛灰藓

A—B：雌苞叶；C：蒴盖；D—E：叶；F：叶尖部

毛灰藓 *Homomallium incurvatum* (Brid.) Loeske

植物体纤细，茎匍匐；不规则分枝，顶端具鞭状枝。茎叶枝叶同形，卵状披针形，内凹；叶缘平滑；中肋短弱不明显。叶中部细胞狭长菱形；角细胞方形，小正方形，不透明。

生境：树干。

标本编号：20190922-166

云南毛灰藓 *Homomallium yuennanense* Broth.

植物体纤细，密集贴生于基质上，黄绿色，稍具光泽。茎匍匐，具红褐色假根；羽状分枝或不规则分枝。茎叶和枝叶相似，内凹，阔卵圆形，尖端具长尖，长约0.9 mm，宽约0.3 mm；叶边全缘，略背卷；中肋2条，短弱。叶中部细胞狭菱形或狭长线形，具前角突；叶基部细胞黄色，角细胞方形，小而带褐色，6~13 或 3~5

列。蒴柄长约 1.1cm，平滑。孢蒴长圆形。孢子黄绿色，圆形，直径 10 μm，具细疣。

生境：石生。

标本编号：20200616-3

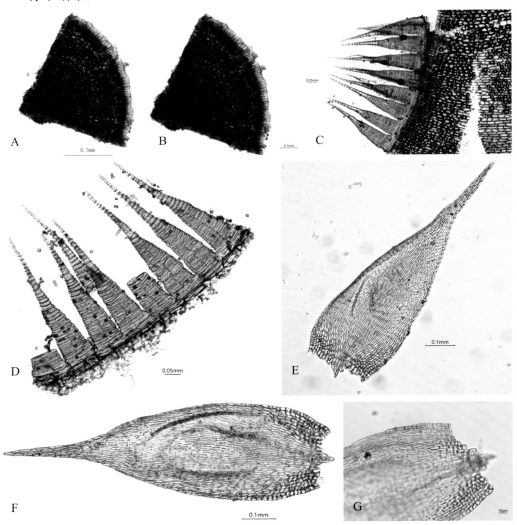

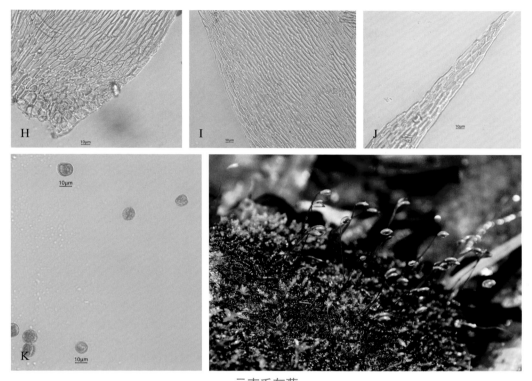

云南毛灰藓

A—B：蒴盖；C—D：蒴齿；E—F：茎叶；G：枝叶角部细胞；H：茎叶角部细胞；I：茎叶上部细胞；J：茎叶尖部细胞；K：孢子

◎ **金灰藓属** *Pylaisia* Bruck & Schimp.

属的特征与科相同。

东亚金灰藓 *Pylaisia brotheri* Besch.

植物体的被叶枝条圆条形，茎叶卵状披针形，内凹，基部宽，向上成细长尖；叶全缘，角细胞多数，非线形，沿叶边上升。

生境：树生。

标本编号：20190923-86A

金灰藓 *Pylaisia polyantha* (Hedw.) Bruch & Schimp.

植物体较小，平铺生长，稍具光泽，带叶枝圆条形。叶卵状披针形，内凹，先端渐成细长尖；叶尖端具齿平滑；中肋不明显；叶中部细胞狭长菱形；角细胞方形，沿叶边上延。

生境：树干、枯枝。

标本编号：20190922-181A、20190922-29

◎ 小锦藓属 *Brotherlla* Loeeske ex M. Fleisch.

植物体纤细，黄绿色，垫状丛生，具光泽。茎密分枝。叶向一侧弯曲，近于镰刀形，基部长卵圆形，内凹，具长尖，叶边稍卷曲，上部具细齿，中肋缺失。叶细胞菱形或狭长菱形，基部黄色，角细胞较膨大，金黄色，其上方有少数短小的细胞。

垂蒴小锦藓 *Brotherella nictans* (Mitt.)Broth.

植物体成垫状生长。主茎不规则分枝，平铺生长。茎叶宽卵圆形，先端成短尖至长尖，尖部有细齿，无中肋。叶细胞线形至长菱形，平滑，尖部细胞长约 65 μm，宽约 5 μm；中部细胞长约 60 μm，宽约 10 μm，角部分化成几个大而膨大的细胞，长约 80 μm，宽约 30 μm。

生境：树生、腐质。

标本编号：20190922-119、20190922-110

曲叶小锦藓 *Brotherella curvirostris* (Schwägr.) M. Fleisch.

植物体成垫状生长。主茎匍匐，长可达 5 cm，连叶宽约 2 mm；羽状或近于羽状分枝，平展；枝条等长，长 0.5~1 cm。茎叶宽卵圆形，长约 1 mm，宽约 0.8 mm，基部最宽，具强烈弓形的叶尖；枝叶卵状披针形，长超过 1 mm，宽约 0.5 mm，渐成长尖，弯曲；叶下部边缘全缘，尖部具少而小的齿。叶细胞成狭椭圆形至线形，长 60~70 μm；角细胞少，稍膨大至膨大，具色泽，相连的细胞有时膨大。

生境：腐质。

标本编号：20190922-116

◎ 腐木藓属 *Heterophyllium* (Schimp.) Kindb.

植物体较粗壮，绿色、黄绿色或棕绿色，具光泽。叶倾立，或向一侧弯曲，卵状披针形，稍内凹，具长尖；中肋短弱或缺失。叶细胞狭长线形：基部细胞带黄色，角细胞疏松，常膨大成方形或长方形，黄色或棕黄色，形成内凹而有明显界线的角部。

腐木藓 *Heterophyllium affine* (Hook.) M. Fleisch.

植物体型成垫状。枝条短或长，长 1~3 cm，假鳞毛发育良好，大而成叶状，深裂。叶直立至倾立，有时弯曲，宽披针形至卵状椭圆形，渐尖成毛状；叶边全缘，仅叶尖有齿。叶细胞长菱形至线形；角细胞多数，方形或长方形，厚壁，有色。

生境：腐质、树生。

标本编号：20190924-165B、20190924-191A、20190924-167B、20190922-9

◎ 同叶藓属 *Isopterygium* Mitt.

植物体茎匍匐，横切面皮层细胞小，厚壁；中轴略有分化；近叶基腹面具假根，不规则分枝。芽胞线形。茎叶和枝叶相似，长椭圆形、卵状长椭圆形或卵圆状披针形，渐狭或突趋狭，略下延，背面叶和腹面叶两侧对称，侧面叶外展，两侧略不对称；叶边平展，上部具齿或全缘；中肋不明显，短弱或缺失。叶中部细胞线形，薄壁，尖部细胞较短，叶下部细胞宽短，角细胞小或不分化。

齿边同叶藓 *Isopterygium serrulatum* M. Fleisch.

植物体黄绿色，具光泽。雌雄异株。茎匍匐或上倾，不规则分枝；枝扁平，有时成簇生长。叶2列开展，内凹，卵圆状披针形，长约1.3 mm，宽约0.5 mm；尖端宽，渐尖；叶边平展，尖部具细齿；中肋2条，短弱，有时不明显。叶细胞狭长菱形，长约70 μm，宽约8 μm；基部细胞不规则长方形，长约30 μm，宽约19 μm。

生境：腐木、树干。

标本编号：20190923-111、20190924-71、20190922-77

柔叶同叶藓 *Isopterygium tenerum* (Sw.) Mitt.

植物体柔弱，淡绿色。茎长约5cm；近羽状分枝；腹面具假根。叶直立开展，成卵状披针形，常弯向一侧，无褶皱，两侧对称或不对称，长0.7-1.8mm，宽0.2-0.6mm，叶角不下延，即使下延也只有2~3个细胞，长椭圆状披针形或阔披针形，先端渐尖；叶边全缘；中肋2条，短弱叉状，叶细胞平滑。

生境：腐质。

标本编号：20190924-102

◎ **毛锦藓属** *Pylaisiadelpha* Card.

植物体纤细，交织生长。主茎匍匐伸展，排列紧密，羽状分枝；枝短而直立。叶片镰刀形弯曲，成卵状披针形，向上逐渐形成具齿的长尖；中肋缺失。叶细胞线形，角细胞分化。通常生于干旱环境中的树干基部至上部，有时生于腐木和岩石上，极少生于土面。

短叶毛锦藓 *Pylaisiadelpha yokohamae* (Broth.) W. R. Buck.

植物体型小，绿色，具光泽，垫状。分枝稀少且不规则，枝条长而纤细。叶片不贴茎生长。叶直立，或稍弯曲，披针形，长不及1mm，具长尖，内凹；叶边平展，叶细胞椭圆形至短纺锤形；叶片角部成三角形，具少数膨大细胞，附属细胞少膨大，具色泽，常透明。

生境：树基、腐木。

标本编号：20200610-10、20200616-5

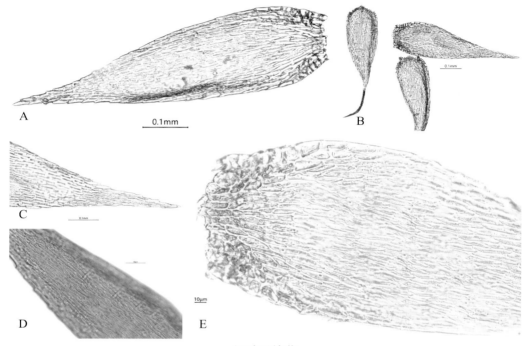

短叶毛锦藓

A：茎叶；B：枝叶；C：枝叶叶尖部；D：枝叶中部；E：枝叶基部

暗绿毛锦藓 *Pylaisiadelpha tristoviridis* (Broth.) O. M. AFonina

生境：腐木。

标本编号：20190922-218、20190924-71B

锦藓科 Sematophyllaceae

◎ 刺疣藓属 *Trichosteleum* Mitt.

植物体平铺，黄绿色。茎叶披针形，内凹，无皱褶；叶边多卷曲，上部具细齿；无中肋。叶中部细胞长椭圆形，具单疣。角部细胞膨大，黄色。

全缘刺疣藓 *Trichosteleum lutschianum* (Broth. & Paris) Broth.

叶片倾立，卵圆形，强烈内凹，具长尖；叶边全缘。叶细胞线形或长椭圆形，疣不明显；角部细胞大，薄壁。

生境：树基。

标本编号：20190922-193

塔藓科 Hylocomiaceae

植物体中等至大型，坚挺，多粗壮，少数纤细，绿色、黄绿色至棕黄色，常略具光泽，稀疏或密集，交织成片。茎匍匐，有时带红色，不规则分枝或规则 2~3 回羽状分枝，常具明显分层；茎横切面一般具中轴及大的薄壁细胞和较小的表皮细胞；少数属种茎、枝上具枝状鳞毛或小叶状假鳞毛，常具棕色假根。叶多列，成螺旋覆瓦状排列；茎叶与枝叶通常异形，倾立、背仰或向一侧偏斜，基部常抱茎；叶卵状披针形、阔卵状披针形或三角状心形，有时具纵褶或横皱褶，稀内凹，上部渐尖、急尖至圆钝；叶边上部多具齿，有时基部略背卷；中肋单一、2 条或不规则分叉，强劲或细弱，长达叶片中部以上或不达中部即消失，个别种类有时无中肋。叶细胞线形或长蠕虫形，平滑或背面具疣或前角突，壁略厚或薄，基部细胞稍宽，有时带黄色或具壁孔，角部细胞分化，一般短宽，常成方形或近方形。

◎ **塔藓属** *Hylocomium* Bruch & Schimp.

植物体黄绿色、橄榄绿、黄色至棕红色，色泽暗或略具光泽，疏松交织生长。主茎平展，常螺旋状着生弓形新枝，多 2~3 回羽状分枝。主茎和主枝上密被鳞毛，小枝上则鳞毛稀疏。叶稀疏排列，成分层形式，叶一般密集着生；茎无中轴；部分枝、茎上常密被具细长分枝的鳞毛，多为两列细胞，尖端常成刺状，基部一般片状；假鳞毛与鳞毛无形态上的差别。茎叶与枝叶异形。茎叶卵圆形或阔卵圆形，略内凹，多数具长而扭曲的 披针形尖，有时为短急尖。叶边多具细齿；中肋 2，短弱，不等长，基部分离，不达叶片中部或超过叶片中部，有时中肋缺失。叶细胞长线形，背面的上方常具明显的疣或前角突；基部细胞稍短宽，黄褐色，一般厚壁，常略具壁孔；角细胞通常不分化。枝叶小，卵状披针形或卵形，有时强烈内凹，具短尖、披针形尖或圆钝，叶边具齿或全缘，双中肋或无中肋。

塔藓 *Hylocomium splendens* (Hedw.) Bruch & Schimp.

种的特征同属。

生境：腐质。

标本编号：20190924-197A、20190924-146B、20190924-205、20190924-81、20200620-8、20200617-24

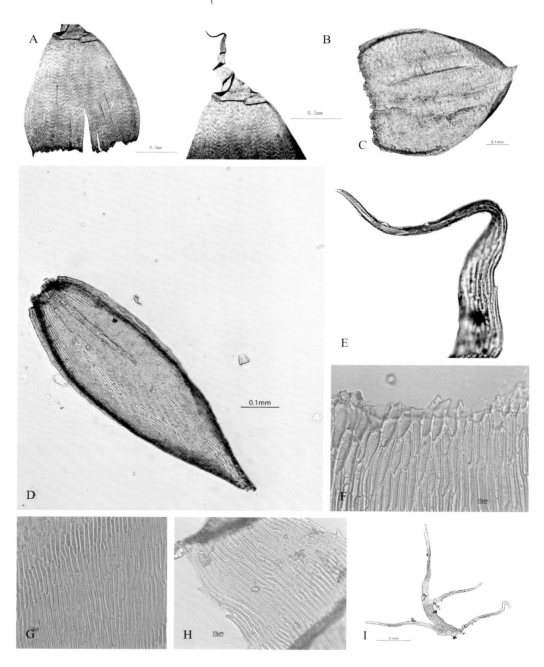

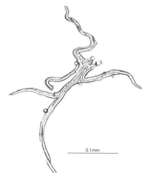

J

塔藓

A：茎叶下部；B：茎叶上部；C：枝叶；D：小枝叶；E：茎叶尖部细胞；F：茎叶基部细胞；G：茎叶中部细胞；H：茎叶上部细胞；I—J：茎鳞毛

◎ **拟垂枝藓属** *Rhytidiadelphus* (Lindb. ex Limpr.) Warnst.

植物体大型，粗壮。茎单一，有时具分枝。叶多列，密生，因叶具波纹而看起来蓬松。茎叶与枝叶异形，中肋 2 条，长达叶片中部，叶中上部细胞线形，背部有前角突；基部细胞短矩形，具壁孔。

拟垂枝藓 *Rhytidiadelphus squarrosus* (Hedw.) Warnst.

植物体主茎成红色，茎直立，具分枝。茎叶基部卵圆形，棕色；叶上部具粗齿，下部具细齿；中肋 2 条，达到叶中部。叶中部细胞线形，有时具壁孔；上部细胞背腹面均具一个高疣；基部细胞短矩形，有壁孔；角部细胞不分化。

生境：腐质。

标本编号：20190922-245

A

B　0.5mm

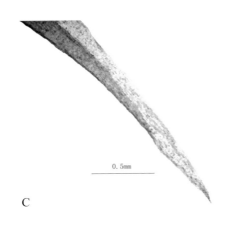

拟垂枝藓

A—B：枝叶；C：叶尖部

绢藓科 Entodontaceae

本科植物喜生于树干、岩面或土壤表面。植物体大小各异，具明显光泽，交织成片生长。茎匍匐或倾立，规则分枝，上密生叶，无鳞毛，中轴分化。茎叶与枝叶同形，成卵形或卵状披针形，少数成线状披针形，先端钝或具长而渐尖的叶尖。叶中部细胞成菱形至线形，平滑。角部细胞数多，成方形。大多数具 2 条短中肋，也有的中肋发达，超过叶中部，少数无中肋或中肋甚弱。

◎ **绢藓属** *Entodon* Müll. Hal.

植物体较粗壮，绿色或黄绿色，具光泽，成扁平状。茎匍匐或偶尔斜伸，规则羽状或亚羽状分枝。枝较短，圆条状或扁平。叶卵形、披针形或椭圆形，先端钝或渐尖，内凹，叶基不下延，叶缘平直，全缘或上部具细齿。中肋 2 条，短弱。叶细胞线形，通常叶先端细胞较短。角部细胞成矩形或方形，在叶基两侧形成三角状区域，有的扩展到中肋处。

长叶绢藓 *Entodon longifolius* (Müll. Hal.) A. Jaeger

植物体具光泽，黄绿色至绿色，交织成片生长。茎长 3~5 cm，不规则羽状分枝，枝长 0.5~1 cm，密生叶，带叶的茎和枝成扁平状。茎叶与枝叶无差别，长 2~2.5 cm，宽 0.4~0.5 mm。叶中部细胞线形，叶先端细胞较短。角部细胞数多，成方形。

生境：土生、树生。

标本编号：20190924-232B、20190923-59

钝叶绢藓 *Entodon obtusatus* Broth.

植物体小型，黄绿色，具光泽，交织成薄片生长。茎长约 2cm，宽 1.8 mm，叶稀疏，扁平着生。分枝稀疏。叶先端急尖具小尖头或略钝。中肋 2 条，缺失。叶中部细胞线形，向上渐变短，叶基角部由多数方形或矩形细胞组成。

生境：腐质。

标本编号：20190923-108B

厚角绢藓 *Entodon concinnus* (De Not.) Paris

植物体粗壮，褐绿色至黄色，具光泽，交织成大片生长。茎匍匐，羽状分枝。叶在茎和枝上螺旋状排列，潮湿时伸展，内凹，先端钝或具小尖头，叶缘全缘，基部反卷，先端内卷成兜状。叶中部细胞成狭线状虫形，基角部不透明，由 2 层方形的细胞组成。

生境：腐质、树生、土生、枯枝。

标本编号：20190923-74B、20190924-112B、20190922-39B、20190923-181A、20190922-27B、20190922-114、20200617-8

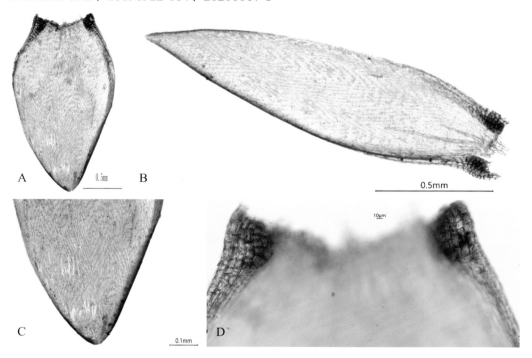

厚角绢藓

A：茎叶；B：枝叶；C：茎叶上端；D：茎叶基部；E：枝叶中部细胞

绢藓 *Entodon cladorrhizans* (Hedw.) Müll. Hal.

植物体黄绿色，具光泽。带叶茎和枝扁平。茎叶平展，阔长椭圆形，先端锐尖，枝叶与茎叶同形。叶中部细胞线形，基角部细胞数多，成方形或矩形。

生境：腐质、树生。

标本编号：20190922-47B、20190923-107、20190923-104

绢藓

深绿绢藓 *Entodon luridus* (Griff.) A. Jaeger

植物体粗壮，绿色，具光泽，有时成红褐色。茎匍匐，亚羽状分枝。茎叶成长椭圆形，先端略钝，具小尖头，全缘或具微齿，边缘略反卷。叶中部细胞线形，向上渐短。角部细胞方形，透明，未延伸到中肋。

生境：石生。

标本编号：20190923-12B

云南绢藓 *Entodon yunnanensis* Thér.

植物体粗壮，黄绿色。茎下面生假根，倾立，不规则分枝。枝扁平，枝端渐尖。叶紧贴，较大，成矩圆形，叶缘内卷，先端常有齿；中肋2条，短小。叶细胞成线形，薄壁，长90~120 μm，宽6~7 μm；角部细胞方形，多数。

生境：腐木、树生。

标本编号：20190923-66、20190922-121

中华绢藓 *Entodon smaragdinus* Par.et Broth.

齿片成披针形，基部4~5个节片平滑，上部具细疣。齿条平滑。

生境：腐木。

标本编号：20190923-27B

隐蒴藓科 Cryphaeaceae

主茎匍匐，叶基部卵圆形，先端渐尖，内凹，无纵褶；叶边近尖部有齿；中肋单一。叶细胞卵圆形，整齐排列，边缘和叶基成方形细胞群，厚壁，平滑。

◎ **隐蒴藓属** *Cryphaea* D. Mohr & F. Weber

叶卵状披针形，叶边背卷；中肋到达叶尖上部，细胞厚壁。

卵叶隐蒴藓 *Cryphaea obovatocarpa* S. Okamura

叶片卵圆披针形，先端渐尖，内凹；叶边上部具细齿，下部全缘；中肋单一，到达叶上部。叶细胞排列整齐，厚壁，具前角突。

生境：树干。

标本编号：20190922-75、20190922-73、20200612-11

卵叶隐蒴藓

A—B: 叶; C: 叶角部; D: 叶中部细胞; E: 叶上部细胞; F: 雌苞叶; G—H: 孢蒴; I: 蒴齿

白齿藓科 Leucodontaceae

多树生或石生藓类，常构成大片群落。植物体粗壮或纤细，绿色或黄绿色，具光泽。主茎匍匐，常具褐色假根；支茎多数，直立或倾立，或弓形弯曲，稀悬垂，单一或有分枝；无鳞毛或有假鳞毛。茎横切面圆形，中轴分化或不分化。叶多列，倾立或一向偏斜，心状卵形或长卵形，具短尖或细长尖；叶边平展或仅尖端有齿；

叶无纵褶或有纵褶；中肋单一，缺失，稀为双中肋。叶细胞多厚壁，平滑，上部菱形，沿中部向下为长菱形，渐向边缘和叶角部成斜方形和扁方形，从而构成明显的角部细胞群。

◎ **单齿藓属** *Dozya* Sande Lac.

主茎细长，匍匐生长。叶干燥时紧密贴茎生长。叶下部卵圆形，上部渐尖，具多条纵褶，叶上部边缘平滑无齿。中肋细长，到达叶上部，角细胞多列，分化成椭圆形，并沿叶角上延。

单齿藓 *Dozya japonica* Sande Lac.

种的特征同属。

生境：树干。

标本编号：20190924-144

◎ **白齿藓属** *Leucodon* Schwägr.

生于树干上，常构成大片群落。植物体绿色、黄绿色或褐绿色。主茎匍匐，紧贴于基质上；支茎密集，上倾，疏或不规则稀疏羽状分枝。茎具中轴或无中轴分化。有时具悬垂枝，悬垂枝常无中轴分化；分枝直立，稀弯曲；有时具鞭状枝。无鳞毛。假鳞毛通常丝状或披针形，稀缺。腋毛高 3~7 个细胞，平滑，基部 1~3 个方形细胞，淡褐色，上部 1~4 个细胞长椭圆形，无色，透明，有时带褐色。茎叶长卵形或狭披针形，上部渐成短尖或有细长尖，内凹，有纵褶；叶边平滑或尖端略有细齿；无中肋。叶中部细胞菱形或线形，厚壁或胞腔成波曲形，近叶缘或近叶耳处细胞较短，有多列不规则方形或椭圆形的细胞构成明显的角部细胞群，并沿叶边上升。

朝鲜白齿藓 *Leucodon coreensis* Cardot

植物体淡绿色，无中轴，叶细胞菱形，厚壁，具壁孔，叶角细胞方形，角部细胞为叶长的 3/5。

生境：石生。

标本编号：20200617-9

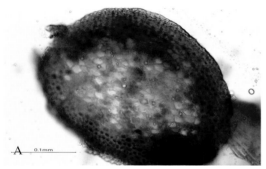
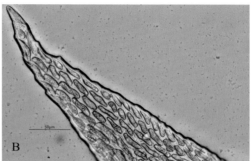

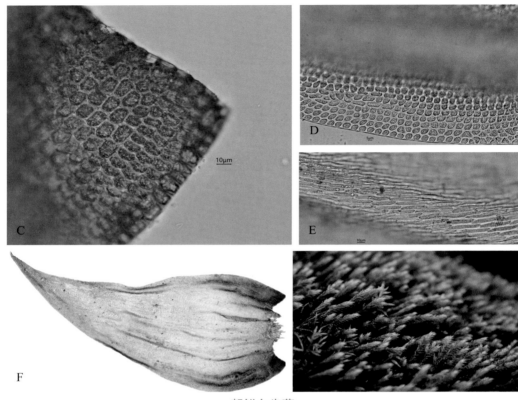

朝鲜白齿藓

A：茎横切；B：叶尖部；C：叶角细胞；D：叶中部边缘细胞；E：叶中部细胞；F：叶

长叶白齿藓 *Leucodon subulatus* Broth.

植物体上部黄色，下部淡黑褐色。具中轴。茎叶狭长披针形，长为3~4mm，渐尖，具纵褶，叶边全缘。叶中部细胞近线形，长50μm，薄壁，雌苞叶长约7mm。

生境：腐质，树基。

标本编号：20190924-179、20190924-172A、20190923-101B、20190924-152、20190924-118、20190922-50、20190924-202、20190924-57、20190924-40、20190924-136、20190924-216、20190924-129、20190924-53

高山白齿藓 *Leucodon alpinus* H. Akiy.

物体黄绿色匍匐茎较短，贴生。中轴不分化。鞭状枝稀少。腋毛高4~5个细胞，平滑，淡绿色或淡黄色。茎叶披针形，长2mm，宽0.5mm，具长尖，具纵褶，叶边平展，仅尖端具细齿。叶角部细胞为叶长度的 1/5，方形或圆方形，长 5μm。

生境：树枝。

标本编号：20200612-16、20190923-115、20190924-225、20190924-211、20190924-124、20200617-7

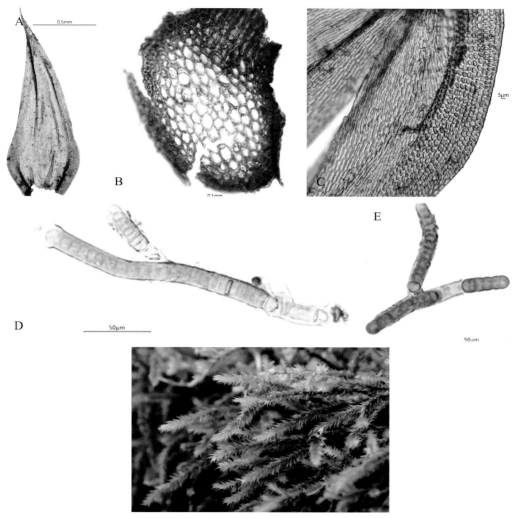

高山白齿藓

A：叶；B：茎横切；C：叶角细胞；D—E：腋毛

偏叶白齿藓 *Leucodon secundus* (Harv.) Mitt.

植物体褐绿色。茎有中轴，茎叶干燥时偏向一侧或直立，叶角黄色，叶边具多条纵褶，略内凹，叶基部卵形，叶渐尖。叶仅尖端具微齿。叶细胞线形或菱形，厚壁，叶中部细胞长 20 μm，宽 5 μm，平滑，叶基部细胞方形，有壁孔，长 5 μm，宽 10 μm，角部细胞为叶长的 1/5。

生境：腐木。

标本编号：20200620-12

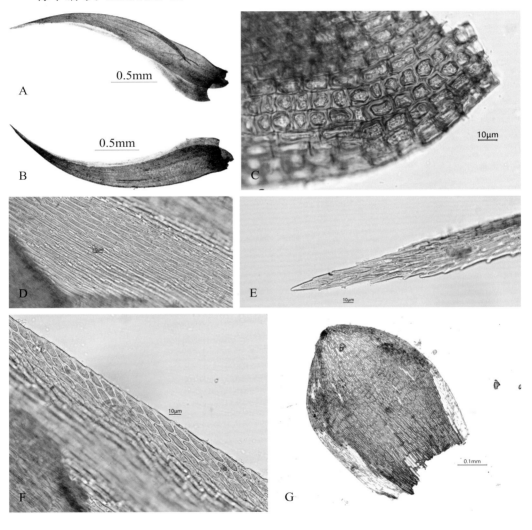

H

偏叶白齿藓

A—B：叶；C：叶基部细胞；D：叶中部细胞；E：叶尖部细胞；F：叶边缘细胞；
G：雌苞叶；H：茎横切

陕西白齿藓 *Leucodon exaltatus* Müll. Hal.

植物体硬挺，大型，淡绿色。茎叶直立或镰刀状一侧弯曲，卵状披针形，长
2.57 mm，宽 0.5 mm，先端渐尖，具 1 条纵褶，叶边平展，全缘或叶尖具细齿。
叶基部细胞宽 5~6 μm，长 33 μm，有壁孔；叶上部细胞长菱形，长 30 μm，宽
5 μm，平滑，厚壁。角部细胞方形，分化部分为叶长的 1/4。中轴分化不明显，茎
表皮为厚壁小细胞。

生境：腐木，树基部。

标本编号：20190923-155、20200612-15

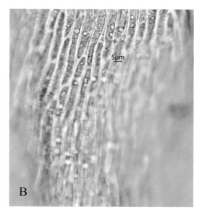

陕西白齿藓

A：叶；B：叶基部细胞；C：叶中部细胞

玉山白齿藓 *Leucodon morrisonensis* Nog.

茎匍匐，无中轴。茎叶具纵褶，狭披针形，具长尖；叶边平滑。叶上部细胞平滑，线形，厚壁，叶中部细胞平滑，具壁孔。

生境：腐质、树生。

标本编号：20190922-204B、20190922-295、20190924-54、20190922-184、20190922-214

中华白齿藓 *Leucodon sinensis* Thér.

植物体黄绿色或褐绿色，长约 4cm。鞭状枝稀少。无中轴。茎叶干燥时紧贴，潮湿时直立开展，卵状披针形，长 2.5~3.2 mm。具长尖。叶边平展，仅尖端具细齿。

生境：腐木，腐质。

标本编号：20190924-135A、20190922-115、20190924-82B、20190923-105B、20190923-4、20190924-162B、20190924-134B、20190924-41B、20190922-183、20190922-216

平藓科 Neckeraceae

多着生于树干或阴湿岩面。植物体多硬挺，粗壮，黄绿色、褐绿色或翠绿色，多具光泽，常疏松成片或成层生长。茎横切面无分化中轴，皮层外壁细胞狭长，基本组织细胞透明。主茎匍匐；支茎直立或下垂，1~3 回羽状分枝。叶多扁平或疏松贴生，长卵形、舌形、圆卵形或卵状舌形，两侧多不对称，平滑或具强横波纹，稀具不规则纵褶，叶尖多圆钝或具短尖，叶基侧内折或具小瓣；叶边上部具粗齿或细齿，稀全缘；中肋单一，细弱，稀为双中肋。

◎ **残齿藓属** *Forsstroemia* Lindb.

植物体主茎平展，茎叶长卵状，内凹；叶边略背卷；中肋有时 2 条，到达叶中部；细胞壁厚。

短齿残齿藓 *Forsstroemia yezoana* (Besch.) S. Olsson

体型较大，黄绿色或灰绿色，基部多褐色，略具光泽，多成小片集生。主茎匍匐；支茎倾立，钝端，密不规则羽状分枝；分枝长约 5mm，疏松扁平被叶。茎叶干燥时贴生，潮湿时倾立，卵状阔披针形，两侧近于对称，具短尖，内凹，上部具少数不规则波纹；叶边上部具细齿；中肋单一，细弱，消失于叶片中部以上，或短而分叉。叶上部细胞长菱形或卵形，长 25~30 μm，宽 8 μm，胞壁强烈加厚，具壁孔，中部细胞狭菱形或线形，长 40~60 μm，宽 6 μm，胞壁厚而具壁孔，角部细胞近于成方形，20~30 μm，厚壁。

生境：树生、腐木、石生。

标本编号：20190922-169、20190922-191、20190924-64A、20190921-2A、20190922-124A、20190922-49、20190922-27A、20190922-22B、20190923-12A、20190923-21、20190922-56、20190923-77A、20190923-85、20190922-46A、20190922-100

◎ **树平藓属** *Homaliodendron* M. Fleisch.

钝叶树平藓 *Homaliodendron microdendron* (Mont.) M. Fleisch.

体型较大，强光泽，主茎匍匐，分枝成树状。茎叶长舌形，一侧偏曲，叶边全缘，先端有时具细齿；中肋到达叶中上部。叶尖部细胞菱形；叶基部细胞狭长方形，具壁孔。

生境：树基、腐质、藤本植物。

标本编号：20190922-244、20190923-10、20190922-226A、20190922-242、20190923-6A、20190922-264A、20190922-163、20190922-203A

◎ **平藓属** *Neckera* Hedw.

体型中等，黄绿色，老时成褐绿色，具绢丝状光泽，多成片垂倾生长，茎横切面成圆形至椭圆形，无中轴。主茎匍匐，具棕红色假根，部分种类 2 回羽状分枝，分枝钝头或渐尖。叶阔卵形、长舌形或卵状长舌形，多具横波纹或不规则波纹，叶尖短钝、渐尖或圆钝；中肋多单一，长达叶片中部或中上部，稀短弱或缺失。叶细胞平滑，上部细胞为卵形、菱形，下部细胞狭长方形，胞壁多加厚，具明显壁孔，角部细胞一般成方形。

短肋平藓 *Neckera goughiana* Mitt.

植物体黄绿色，具光泽，成片生长。主茎纤细，密羽状分枝，扁平被叶。叶扁平，平直伸展或斜展，卵状椭圆形，两侧明显不对称，叶基部狭窄，尖部宽钝，圆弧形；叶边仅尖部具细齿；中肋短弱或分叉。叶细胞方形至菱形，中部细胞菱形，基部细胞长方形至狭长方形，角部细胞方形或不规则方形，胞壁均等厚。

生境：树基、腐木。

标本编号：20190922-37、20190924-41A、20190924-226、20190923-67A

短肋平藓

阔叶平藓 *Neckera borealis* Nog.

植物体淡黄色，略具光泽，茎叶卵状椭圆形，不对称，叶上部具细齿；中肋短弱。叶上部细胞菱形，基部细胞狭长方形。

生境：树干、树基、腐质、藤本植物。

标本编号：20190922-160、20190922-211、20190923-91B、20190922-245、20190922-238A、20190922-187A

平齿平藓 *Neckera laevidens* Broth. ex P. C. Wu & Y. Jia

植物体较细弱，黄绿色，稀疏小片状生长。茎叶上部宽阔，具钝尖，基部略窄，一侧狭带状内折；叶边尖部具细齿；中肋单一，纤弱。叶尖部细胞卵形或长卵形，角部加厚，中部细胞狭长卵形，胞壁加厚，基部细胞狭长卵形至近于成线形，胞壁强烈波状加厚。

生境：树基、树生、腐木。

标本编号：20190922-293、20190922-136、20190924-130、20190922-2

平藓 *Neckera pennata* Hedw.

植物体略具光泽，多成片或稀疏垂倾生长。主茎匍匐横展，叶片多脱落；茎叶狭长椭圆形至舌形，两侧不对称，有时略成弓形弯曲，上部具强波纹；叶边具细齿；中肋短弱。 叶上部细胞椭圆状菱形，中部细胞长菱形至线形，多扭曲，胞壁薄，近基部细胞略加厚，角部细胞方形。枝叶略小于茎叶。

生境：腐质、树生。

标本编号：20190924-172B、20190922-44B、20190921-23、20190923-65C、20200616-7

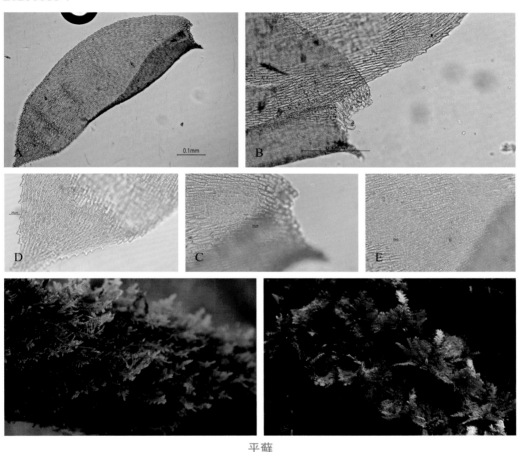

平藓

A：叶；B：叶上部细胞；C：叶基部细胞；D：叶尖部细胞；E：叶中部细胞

牛舌藓科 Anomodontaceae

植物体成疏松或密群丛，稀垂倾生长。茎或主茎匍匐基质着生，支茎直立或倾立，不规则羽状或不规则稀疏分枝，尖部卷曲或成尾尖状，常具无性匍匐枝，中轴分化或缺失。茎叶与枝叶近似或近于同形，干燥时覆瓦状排列或倾立。茎叶由卵形或椭圆状卵形基部向上渐尖，突成长舌形或披针形尖，稀具横波纹，或由卵形或阔卵形基部向上，具锐尖；叶边平展或波曲，具细齿或细圆疣状突起，稀具疏齿或不规则粗齿，中肋单一，长达叶片中部。叶细胞六角形、菱形或卵状菱形，胞壁薄，每个细胞具多个疣，或胞壁厚而平滑，稀具单疣，叶基中央细胞卵形或椭圆状卵形，中肋两侧细胞透明。

◎ **牛舌藓属** *Anomodon* Hook. & Taylor.

植物体粗壮，硬挺，暗绿色，疏松或密集成片或成垫状生长。主茎匍匐，支茎直立或倾立，稀疏不规则分枝，尖部常弯曲，常具匍匐枝。叶散列，干燥时尖部常卷曲，茎叶与枝叶近于同形，基部为卵形或长卵形，上部突成阔舌形或长舌形，稀为披针形，尖部圆钝，稀具齿，基部狭窄，少数种类具小叶耳；叶边多为波曲；中肋单一，多消失于叶片近尖部。叶细胞近于同形，六角形或圆六角形，胞壁等厚，具多数密粗疣，叶基近中肋两侧往往透明无疣。

带叶牛舌藓 *Anomodon perlingulatus* Broth.ex P. C. Wu & Y. Jia

植物体中等大小，黄绿色，稀疏丛集生长。茎成不规则羽状分枝或不规则分枝。叶干燥时疏松贴茎，潮湿时倾立，基部阔卵形，略下延，渐上成狭长带形或披针状舌形，具钝尖；中肋粗壮，消失于叶尖下。叶细胞六角形，薄壁，中部细胞表面被多数椭圆形细疣。茎叶基部叶片较小，叶舌部短于叶基部或近于相等。枝叶较小。

生境：石生，岩面薄土。

标本编号：20190923-41、20190923-32A、20200617-5、20200617-12

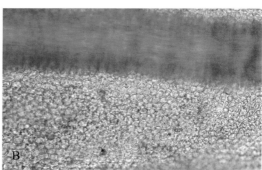
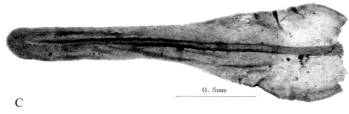

带叶牛舌藓

A：叶尖部；B：叶中部细胞；C：叶

牛舌藓 *Anomodon viticulosus* (Hedw.) Hook. & Taylor

叶边具疣状突起；中肋到达叶尖。叶中部细胞圆六角形，具密疣。

生境：树基。

标本编号：20200616-1

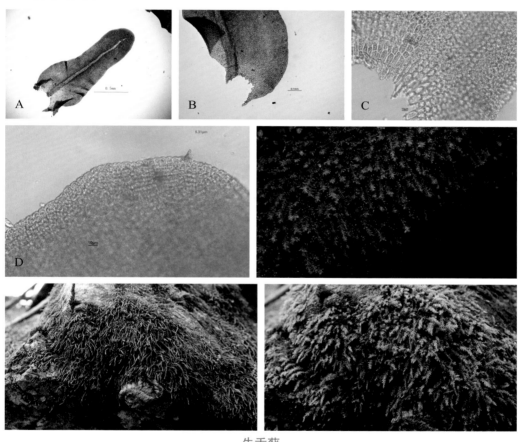

牛舌藓

A：叶；B：叶基部；C：叶基部细胞；D：叶尖部细胞

小牛舌藓全缘亚种 *Anomodon minor* (Hedw.) Fürnr.

植物体纤细，淡绿色，茎下部成褐色。主茎匍匐，叶片多脱落，支茎直立或倾立，规则或不规则羽状分枝；中轴缺失。茎叶丛集，干燥时贴生，潮湿时倾立，尖部宽阔圆钝；叶边略具齿；中肋长达叶尖下，顶端常分叉，透明。叶中部细胞圆方形至六角形，厚壁，不透明，每个细胞具 3~8 个疣，叶基近中肋细胞椭圆形至菱形。

生境：枯树。

标本编号：20190922-22A

皱叶牛舌藓 *Anomodon rugelii* (Müll. Hal.) Keissl.

黄绿色至黄褐色，紧密丛集生长。主茎匍匐，中轴缺失。茎叶基部卵形至椭圆状卵形，基部两侧下延成小耳状，向上突成舌形或狭长舌形，叶尖圆钝，稀具小尖；叶边全缘或上部具细齿；中肋长达叶片近尖部，背面平滑或具疣。叶中部细胞圆方形至六角形，背面具 5~10 个疣，厚壁，叶基近中肋细胞多椭圆形，透明。枝叶狭长卵状披针形。

生境：树生。

标本编号：20190923-208、20200616-4

A：叶；B：叶基部；C：叶基部细胞

◎ **羊角藓属** *Herpetineuron* (Müll. Hal.) Cardot

植物体中等至粗壮，硬挺，黄绿色至褐绿色，疏松丛集成片生长。主茎匍匐，茎叶与枝叶同形，卵状披针形或阔披针形，多具横波纹，内凹而脊部明显，上部渐尖；叶边除近基部平滑外，上部具不规则粗齿；中肋粗壮，不及顶，上部渐细而出现明显"之"字形扭曲；叶细胞近于同形，六角形，厚壁，平滑，不透明。枝叶略小而狭窄。

羊角藓 *Herpetineuron toccoae* (Sull. & Lesq.) Cardot

体型中等，成丛集交织生长，上部黄绿色至绿色，基部成暗绿色，干燥时枝尖向内卷曲。中肋成"之"字形扭曲。

生境：石生。

标本编号：20200617-6

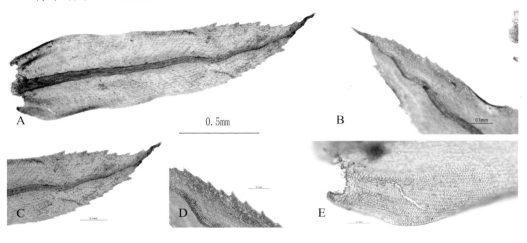

A 0.5mm B

C D E

羊角藓

　　A：叶；B—C：叶尖部；D：叶边齿；E：叶基部细胞

◎ **多枝藓属** *Haplohymenium* Dozy & Molk.

　　植物体纤细而多不规则分枝，常成黄绿色至褐绿色，疏松下垂着生于基质，分枝稀疏。茎与枝均无鳞毛。叶干燥时多覆瓦状排列，潮湿时倾立至背仰；茎叶与枝叶同形，基部为卵形或长卵形，向上渐狭窄或突成长舌形至披针形，尖部多锐尖，稀圆钝；叶边平展，具细齿或圆疣状突起，尖部稀具齿；中肋单一，达叶片中部，少数种类中肋较粗壮而达叶尖；叶细胞六角形或圆六角形，薄壁，背腹面均被多数粗钝疣，叶基近中肋部分细胞透明，无疣。

暗绿多枝藓 *Haplohymenium triste* (Ces.) Kindb.

　　植物体纤细，黄绿色至褐绿色，疏松交织生长。茎匍匐，不规则羽状分枝；中轴分化。茎叶干燥时贴生，潮湿时倾立，基部成卵形至阔卵形，渐上突成披针状舌形尖；叶边具密疣状突起；中肋纤细，长达叶片中部或中部以上。叶中部细胞成圆方形，叶基中部细胞椭圆形，平滑无疣。枝叶与茎叶近似，叶上部成舌形。

　　生境：树干。

　　标本编号：20190923-98

鞭枝多枝藓 *Haplohymenium flagelliforme* L. I. Savicz

　　植物体纤细，黄绿色至暗绿色，老时成深棕色，成疏松小片状生长。茎匍匐伸展，长可达 5 cm，不规则分枝，枝稀少，垂倾，成鞭枝状；中轴不分化。茎叶心脏形，渐向上成短尖，内凹，长达 1 mm 以上；叶边上部具少数齿；中肋长达叶片长度的 3/4，不透明。叶中部细胞圆六角形，厚壁，具多数疣状突起，直径 7~15 μm。枝叶与茎叶相类似，潮湿时有时背仰。

　　生境：树生。

　　标本编号：20190922-125

◎ **拟附干藓属** *Schwetschkeopsis* Broth.

植物体纤细，挺硬，绿色或黄绿色，稍具光泽。茎匍匐伸展，密被假根，先端倾立，羽状分枝或不规则羽状分枝；密被叶片成圆条形，单一或再形成短分枝。鳞毛稀疏，披针形或线形。枝叶干燥时成覆瓦状贴生，潮湿时直立或倾立，卵状披针形，内凹，上部渐尖；叶边平直，有细齿；中肋缺失；叶细胞成狭长六边形或长椭圆形，背面前角具弱疣突，下部细胞短而疏生，叶片角部有数列扁方形细胞。

拟附干藓 *Schwetschkeopsis fabronia* (Schwägr.) Broth.

植物体型纤细，平铺生长，绿色或黄绿色，具光泽。叶片卵状披针形，渐成短尖状，内凹，叶边平直，具细胞突出形成的细齿，中肋缺失；叶边缘的细胞壁较内部细胞壁薄，中部细胞成椭圆形，背面先端常有乳头状疣，角部细胞方形或扁方形，与其他叶细胞分化明显。枝叶与茎叶同形，仅略小。

生境：腐质、树干、石生、土生。

标本编号：20190923-202、20190924-234、20190923-123、20190924-122、20190924-253、20190923-206、20190922-67

A：叶；B：叶尖部；C：叶角部细胞；D：叶中部细胞

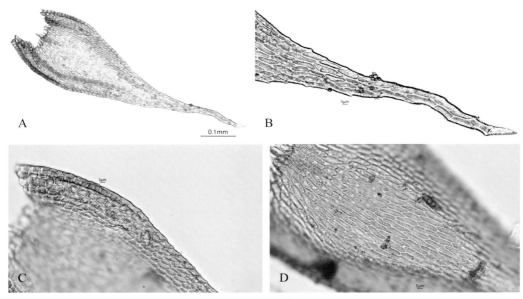

拟附干藓

参考文献 [References]

[1] 李腾，唐启明，韦玉梅，等．广西青藓科分类学修订 [J/OL]．广西植物：1–23[2021–03–20].

[2] 贾渝，何思．中国生物物种名录（第一卷）[M]．北京：科学出版社，2013.

[3] 赵建成，李秀芹，唐伟斌．中国大帽藓科 (Encalyptaceae，Musci) 植物分类和分布的研究 [J]．西北植物学报，2002（3）：453–466，730.

[4] 中国科学院中国孢子植物志委员会．中国苔藓志（第一卷）[M]．北京：科学出版社，1994.

[5] 高谦．中国苔藓志（第二卷）[M]．北京：科学出版社，1996.

[6] 中国科学院中国孢子植物志委员会．中国苔藓志（第三卷）[M]．北京：科学出版社，2000.

[7] 黎兴江．中国苔藓志（第四卷）[M]．北京：科学出版社，2006.

[8] 吴鹏程，贾渝．中国苔藓志（第五卷）[M]．北京：科学出版社，2011.

[9] 中国科学院中国孢子植物志委员会．中国苔藓志（第六卷）[M]．北京：科学出版社，2002.

[10] 胡人亮，王幼芳．中国苔藓志（第七卷）[M]．北京：科学出版社，2005.

[11] 中国科学院中国孢子植物志委员会．中国苔藓志（第八卷）[M]．北京：科学出版社，2004.

[12] 高谦．中国苔藓志（第九卷）[M]．北京：科学出版社，2003.

[13] 高谦，吴玉环．中国苔藓志（第十卷）[M]．北京：科学出版社，2008.

[14] 熊源新．贵州苔藓植物图志 （习见种卷）[M]．贵阳：贵州科技出版社，2011.

[15] 中国科学院青藏高原综合科学考察队．西藏苔藓植物志 [M]．北京：科学出版社，1985.